普通高等教育"十二五"规划教材

U0321081

计算机文化基础

主　　编	顾有林	方胜良	
副主编	牛纪海	胡以华	何　俊
参　　编	王　成	刘　瀚	陈青峰
	赵尔波	刘　俊	涂本荻
	李　振	刘　蕾	

西安交通大学出版社
XI'AN JIAOTONG UNIVERSITY PRESS

内容简介

本书针对计算机文化基础课的各个知识点进行了深入浅出的讲解,注重知识性、技能性与应用性的相互结合,全书共分 8 章,内容主要包括:计算机基础知识、Windows XP 操作系统、Word2007 文字处理软件、Excel2007 电子表格处理软件、PowerPoint2007 演示文稿制作软件、Visio2007 图表绘制软件、常用工具软件以及计算机网络与 Internet 等。各章均配有上机与习题,使读者在学习和巩固知识点的同时,提高实际操作能力。

本书可作为普通高校非计算机专业学生用教材,也可作为成人教育和各类计算机培训学校的培训教材,同时也可作为计算机等级考试以及计算机爱好者的自学参考书。

图书在版编目(CIP)数据

计算机文化基础/顾有林,方胜良主编 . —西安:
西安交通大学出版社,2011.4(2013.7 重印)
ISBN 978 - 7 - 5605 - 3859 - 4

Ⅰ.①计⋯ Ⅱ.①顾⋯②方⋯ Ⅲ.①电子计
算机-高等学校-教材 Ⅳ. ①TP3

中国版本图书馆 CIP 数据核字(2011)第 024272 号

书　名	计算机文化基础	
主　编	顾有林　方胜良	
责任编辑	曹　昳	
出版发行	西安交通大学出版社	
	(西安市兴庆南路 10 号　邮政编码 710049)	
网　址	http://www.xjtupress.com	
电　话	(029)82668357　82667874(发行中心)	
	(029)82668315　82669096(总编办)	
传　真	(029)82668280	
印　刷	陕西元盛印务有限公司	
开　本	787mm×1092mm　1/16　印张 13　字数 306 千字	
版次印次	2011 年 4 月第 1 版　2013 年 7 月第 2 次印刷	
书　号	ISBN 978 - 7 - 5605 - 3859 - 4/TP·545	
定　价	22.00 元	

读者购书、书店添货、如发现印装质量问题,请与本社发行中心联系、调换。
订购热线:(029)82665248　(029)82665249
投稿热线:(029)82664954
读者信箱:jdlgy@yahoo.cn

前　言

随着科学技术的突飞猛进,融入了多媒体和网络技术的计算机已成为人们日常生活中不可缺少的工具,在经济与社会发展中发挥着越来越重要的作用。计算机文化、计算机基础知识和计算机基本操作技能已成为当代人才知识结构中不可缺少的组成部分。

本书全面系统地介绍了计算机基础知识、操作系统、常用办公软件、常用工具软件以及计算机网络与 Internet 方面的知识,由多年从事计算机基础教育的一线教师,结合当前计算机基础教育的形势与任务以及多年的教学实践经验编写而成。

全书共分 8 章,第 1 章是计算机基础知识,介绍计算机概述、计算机中的信息、计算机的组成结构以及计算机系统;第 2 章是 Windows XP 操作系统,介绍 Windows XP 操作系统简介、Windows XP 操作系统的基本操作、文件或文件夹管理以及系统管理与设置;第 3 章是 Word2007 文字处理软件,介绍 Word2007 概述、文档的基本操作、文档内容及格式的编辑、表格的基本操作、对象的插入操作以及文档的打印;第 4 章是 Excel2007 电子表格处理软件,介绍 Excel2007 概述、工作薄及工作表的基本操作、单元格及数据的基本操作、图表的操作、公式和函数的使用、工作表的打印;第 5 章是 PowerPoint2007 演示文稿制作软件,介绍 Power-Point2007 概述、演示文稿的基本操作、幻灯片的基本操作、文本的插入及格式设置、对象的插入、动画效果的设置、幻灯片的放映以及演示文稿的打印与输出;第 6 章是 Visio2007 图表绘制软件,介绍 Visio2007 概述、图表的基本操作、图表的绘制、文本的输入及格式设置、对象的链接和插入及图表的打印与输出;第 7 章是常用工具软件,介绍 WinRAR 文件压缩软件、瑞星2010 反病毒软件、ACDSee 实用看图软件以及 Snagit 实用截屏软件;第 8 章是计算机网络与Internet,介绍计算机网络概述以及 Internet 概述。

本书由顾有林、方胜良主编,牛纪海、胡以华、何俊担任副主编,王成、刘瀚、陈青峰、赵尔波、刘俊、涂本荻、李振、刘蕾等参与了编写工作。

由于时间仓促与编者水平有限,书中难免存在不足与欠妥之处,恳请广大读者不吝指正。

顾有林

2011 年 1 月于合肥

目　录

第 1 章

计算机基础知识

自世界上第一台电子计算机于 1946 年问世以来,计算机科学与技术已经成为了当今时代发展最快的科学技术之一,微型计算机的出现和计算机网络技术的发展,让计算机深入到社会生产生活的各个领域,成为人们生活中不可缺少的工具。计算机技术的发展极大地提高了社会生产力,推动了社会的发展进步。在进入信息社会的今天,计算机文化知识已经成为人们知识结构中不可或缺的部分。

1.1　计算机概述

1.1.1　什么是计算机

人类最初用手指计算,因为人有两只手,十个手指头。用手指头计算固然方便,但不能存储计算结果。于是人们用结绳记事来延长记忆能力。最早,记事与记数是联系在一起的,在原始社会,人们曾使用绳结、垒石或枝条作为计数和计算的工具。我国在春秋战国时期就有了筹算法的记载,算筹供计算用的筹棍,用算筹进行计算叫筹算。算筹是最早的人造计算工具,祖冲之就是用算筹算出圆周率 π 值在 3.1415026～3.1415027 之间的。我国古代精密的天文历法也是借助于算筹取得的。到了唐朝,已经有了至今仍在使用的计算工具——算盘。珠算是我国人民独特的创造,欧洲 16 世纪才出现了对数计算尺和机械计算机。

在 20 世纪 50 年代之前,人工手算一直是主要的计算方法,如算盘、对数计算尺、手摇或电动的机械计算机一直是人们使用的主要计算工具。到了 20 世纪 40 年代,一方面由于近代科学技术的发展,对计算量、计算精度、计算速度的要求不断提高,原有的计算工具已经满足不了应用的需要,另一方面,计算理论、电子学以及自动控制技术的发展,也为现代电子计算机的出现提供了可能,在 20 世纪 40 年代中期诞生了第一代电子计算机。

对计算机(Computer),人们往往从不同角度提出不同的见解,有多种描述:计算机是一种可以自动进行信息处理的工具;计算机是一种能快速而高效地自动完成信息处理的电子设备;计算机是一种能够高速运算、具有内部存储能力、由程序控制其操作过程的电子装置等等。图 1-1 所示为常见的各种计算机。

图 1-1　常见的各种计算机

1.1.2　计算机的发展历程

计算机的发展历程根据其发展历史可以划分为两个阶段,即近代计算机发展阶段和现代计算机发展阶段。

1. 近代计算机发展阶段

近代计算机,是指具备完整定义的机械式或机电式计算机,与现代电子式计算机有很大的差别。

在近代计算机的发展中,起奠基作用的是英国天才数学家查尔斯·巴贝奇(C. Babbage)。他于 1834 年设计的以蒸汽机为动力的分析机(见图 1-2),提出了程序控制计算机的初步思想,使计算机具有控制、处理、存储、输入和输出 5 个基本装置的构想,但最终未能研制成功。1936 年,美国的霍华德·艾肯(Howard Hathaway Aiken)提出采用机电法实现巴贝奇的分析机,并于 1944 年成功制造 Mark I 计算机——自动程序控制计算机(见图 1-3),这台计算机使用了 3000 多个继电器,又称继电器计算机。Mark I 的基本结构和巴贝奇的设想相同,机器十进制 23 位数字的加减计算时间为 0.3 秒,乘法 6 秒,除法 11.4 秒。

图 1-2　巴贝奇构想的分析机

图 1-3　Mark I

2. 现代计算机发展阶段

1946 年 2 月，第一台电子管计算机 ENIAC(Electronic Numerical Integrator and Computer)在美国宾夕法尼亚大学研制成功，标志着电子计算机时代的到来。自其诞生至今，计算机技术得到迅猛的发展。根据计算机所采用的物理器件，可将现代计算机的发展划分为 4 个阶段：电子管时代、晶体管时代、中小规模集成电路时代、大规模和超大规模集成电路时代(见表 1-1)。

◆ 第一代计算机(1946～1957)：电子管计算机阶段，主要特点是采用电子管作为计算机的逻辑元件，内存储器采用水银延迟线，外存储器采用磁鼓、纸带和卡片，运算速度只有每秒几千次到几万次，内存储器容量只有几千字节，使用二进制表示的机器语言或汇编语言编写程序，主要用于军事和科研部门进行数值计算。

◆ 第二代计算机(1958～1964)：晶体管计算机阶段，用晶体管代替了电子管，大量采用磁芯作为内存储器，采用磁盘、磁带作为外存储器，体积减小，功耗降低，运算速度提高到每秒几十万次，内存容量扩展到几十万字节。同时，计算机软件技术也有了很大提高，开始使用操作系统，并出现了 FORTRAN、COBOL 等高级程序设计语言。其应用也从单纯的数值计算扩展到数据处理、工业控制、商业应用等领域。

◆ 第三代计算机(1965～1974)：集成电路计算机阶段，主存储器采用半导体存储器，体积大大减小，功耗、价格进一步降低，而速度及可靠性相应地提高。到 60 年代末，它的运算速度已达每秒，应用领域有了较大的扩展。同时，在这一阶段，操作系统日趋成熟，各种小型计算机大量涌现。

◆ 第四代计算机(1975～现在)：大规模集成电路计算机时代，计算机走向微型化，性能大幅度提高，为网络化创造了条件。在软件方面，出现了数据库系统、分布式操作系统等，应用软件的开发已发展为一个庞大的产业。

表 1-1　现代计算机发展阶段示意表

	主要元件	主要元器件图示	运算速度(次/秒)
第一代 1946～1957	电子管		几千次到几万次
第二代 1958～1964	晶体管		几十万次
第三代 1965～1974	中小规模集成电路		几百万次
第四代 1975～现在	大规模和超大规模集成电路		千亿次或更高

1.1.3　我国计算机发展概况

在计算机的发展历程中，我国科技工作者也作出了巨大贡献。1959 年，我国自行研制成功了运行速度为每秒 1 万次的 104 计算机,这是我国研制的第 1 台大型通用电子数字计算机,其主要技术指标均超过了当时日本的计算机,与英国同期已开发的运算速度最快的计算机相比,也毫不逊色。20 世纪 60 年代初,我国开始研制和生产第 2 代计算机。1965 年研制成功第 1 台晶体管计算机 DJS－5 小型机,随后又研制成功并小批量生产 121、108 等 5 种晶体管计算机。1973 年研制成功了集成电路的大型计算机 150 计算机,运算速度达到每秒 100 万次。

近年来,我国高性能计算机发展迅猛。1983 年,国防科技大学研制成功的银河－I 号计算机,运算速度达到每秒亿次,该计算机的研制成功填补了国内巨型机的空白,使我国成为世界上为数不多的能研制巨型机的国家之一。1992 年研制成功银河－II 号十亿次通用、并行巨型计算机。1997 年研制成功银河－III 号百亿次并行巨型计算机,该机的系统综合技术达到国际先进水平,被国家选作军事装备之用。2002 年 9 月,我国首款可商业化、拥有自主知识产权的 32 位通用高性能 CPU 龙芯 1 号研制成功,标志我国在现代通用微处理设计方面实现了零的突破。2005 年 4 月,我国首款 64 位通用高性能微处理器龙芯 2 号正式发布,最高频率为 500MHz,功耗仅为 3～5W,已达到 Pentium III 的水平。

2009 年 10 月 29 日,国防科技大学研制成功了运算速度达到千万亿次的“天河一号”(见图 1－4),使中国成为继美国之后世界上第二个能够自主研制千万亿次超级计算机的国家。“天河一号”共有 6144 个通用处理器(3072x2 Intel Quad Core Xeon E5540 2.53GHz/E5540 3.0GHz),5120 个加速处理器(2560 ATI Radeon 4870x2 575MHz),内存总容量 98TB。“天河一号”可广泛应用于石油勘探数据处理、生物医药研究、航空航天装备研制、资源勘测和卫星遥感数据处理等领域。

图 1－4　“天河一号”千万亿次超级计算机

1.1.4　计算机的特点

与其他计算工具相比,计算机具有以下特点:

(1)运算速度快。当今计算机系统的运算速度可以达到每秒万亿次,正是由于计算机的高速运算能力,使得许多需要大量计算的问题得到解决。

(2)运算精度高。计算机采用二进制数字进行运算,运算的精度取决于二进制数的长度,因此,只要通过技术手段来提高二进制数的长度,就能实现运算精度的提高。

(3)存储能力强。随着计算机存储器的容量不断加大,计算机的存储能力也在不断增强。计算机不仅能够记忆存储大量的数据资源,而且能把参与计算的数据,中间结果和最终结果保存起来,以便随时调用。

(4)逻辑判断能力高。计算机可以通过逻辑运算来进行逻辑判断,来分析命题是否成立,并根据判断做出相应的对策。

(5)通用性好。计算机能够将复杂的问题转化为一系列基本的算术和逻辑问题,因此具有良好的通用性,能够应用于社会生活的各个方面。

1.1.5 计算机的应用

由于计算机能够解决复杂问题,简化工作流程,节省大量工作时间,因此,计算机的在社会各个领域得到了广泛应用,具体可以归纳为以下几个方面。

1. 科学计算

科学计算又称为数值计算,是指利用计算机来完成科学研究和工程技术中的运算性问题。科学计算是计算机的基本应用,由于计算机的运算快速准确,因此大大提高了科学研究和工程设计的速度与质量,降低了成本。在现代数学、物理和化学等自然科学领域以及航天、制造和建筑等工程技术领域,计算机的应用是不可或缺的部分。

2. 信息处理

信息处理是现代社会必不可少的重要工作,也是计算机应用的最为广泛的领域。信息处理主要是用计算机对数据进行采集、加工、存储、传递、分析等,其主要特点是数据量大,计算方法简单。由于计算机具有存储容量大、运算速度快、逻辑判断强等特点,因此成为信息处理领域强有力的工具,广泛应用于商务、金融、企事业管理等领域。

3. 实时控制

实时控制也称过程控制、自动控制,是指通过计算机来控制各种自动装置、设备及生产过程,实现生产的自动化。例如,工业生产自动化方面的监视报警、自动记录和自动调控等。计算机过程控制广泛用于航空航天、交通运输、大型电站等领域。

4. 辅助系统

计算机辅助系统是指利用计算机在工程设计与制造等方面提供帮助,来提高工作效率,降低花费成本。计算机辅助系统具体包括计算机辅助设计(CAD)、计算机辅助教学(CAI)、计算机辅助制造(CAM)、计算机辅助工程(CAE)、计算机辅助测试(CAT)等。

5. 人工智能

人工智能是计算机应用的一个新领域,是计算机来模拟人类的某些智力活动的应用,如图像识别、专家系统、语言翻译、机器人等。它是在控制论、计算机科学、仿生学、生理学等学科基础上发展出来的边缘学科,目前这方面的应用还处于发展阶段。

6. 多媒体技术

多媒体技术是指利用计算机来综合处理文字、图像、图形、声音等信息,使计算机能够表现、存储和处理各种多媒体信息。多媒体技术的关键是数据压缩技术。在广播、出版、医疗和教育等领域中,多媒体技术的应用最为广泛。

7. 计算机网络

计算机网络是计算机技术与通信技术相结合的产物,它利用通信线路,按照协议将分布在不同地方的计算机互联在一起,成为一组能相互通信的相关的计算机系统。计算机网络的发展给人们生活带来了巨大的改变,已经成为信息社会的特征。

1.2　计算机中的信息表示

1.2.1　数制的基本概念

数制是指用一组固定的符号和统一的规则来表示数值的方法,也称为计数制。目前通常采用进位计数制,简称"进制",如二进制,八进制,十进制,十六进制。日常生活中人们常用十进制来表示数据,计算机中所有的数据采用二进制表示。为了书写方便,常采用八进制和十六进制的形式表示。对于任何进位数制,都有以下一些特点:

(1)每种进制都有固定的数码

一个计数制所包含数字符号的个数称为基数。例如,十进制有 0,1,2,3,…,9 十个数码,因此其基数为 10;二进制有 0,1 两个数码,其基数为 2;以此类推,八进制的基数为 8,十六进制的基数为 16;

(2)逢 N 进一

十进制中逢 10 进 1;二进制中逢 2 进 1;八进制中逢 8 进 1;十六进制中逢 16 进 1;

(3)采用位权表示法

一个数的每一个固定位置对应的单位值称为"位权值",简称"权"。如十进制数 1432 可表示为:$1432.79 = 1 \times 10^3 + 4 \times 10^2 + 3 \times 10^1 + 2 \times 10^0 + 7 \times 10^{-1} + 9 \times 10^{-2}$,其中 10^3、10^2、10^1、10^0、10^{-1}、10^{-2} 就称为权。

为了区分几种进制数,规定在数字后面加字母 D 表示十进制数,加 B 表示二进制数,加 O 表示八进制数,加 H 表示十六进制数,其中,十进制数可以省略不加。此外,还可以用基数作为下标来表示不同进制。例如:10、10D 和 $(10)_{10}$ 均表示是十进制数,10B 和 $(10)_2$ 表示二进制数,100 和 $(10)_8$ 表示八进制数,10H 和 $(10)_{16}$ 表示十六进制数。

表 1-2 给出了常用数制之间的对照

表 1-2　不同进制数对照表

进 位 制	数 符	规 则	基数	权
二进制(Binary)	0、1	逢二进一	2	2^n
十进制(Decimal)	0、1、2、3、4、5、6、7、8、9	逢十进一	10	10^n
八进制(Octal)	0、1、2、3、4、5、6、7	逢八进一	8	8^n
十六进制(Hexadecimal)	0、1、2、3、4、5、6、7、8、9、A、B、C、D、E、F	逢十六进一	16	16^n

1.2.2　各进制数之间的转换

数制之间的转换是指将数从一种数制转换成另一种数制。由于计算机采用二进制,而实际生活中人们主要运用的十进制,因此就存在一个数制转换的问题。计算机中十数制数与二进制数之间的转换是计算机自动完成的,不需要人为干预。

1．二进制、八进制和十六进制转化为十进制

转换原则：按权展开，相加求和。

例 1.1　将二进制数 10111 转化为十进制数。

$(10111)_2 = 1 \times 2^4 + 0 \times 2^3 + 1 \times 2^2 + 1 \times 2^1 + 1 \times 2^0 = (23)_{10}$

例 1.2　将八进制数 136 转化为是进制数。

$(136)_8 = 1 \times 8^2 + 3 \times 8^1 + 6 \times 8^0 = (94)_{10}$

例 1.3　将十六进制数 35A 转化为十进制数。

$(35A)_{16} = 3 \times 16^2 + 5 \times 16^1 + 10 \times 16^0 = (858)_{10}$

2．十进制数转化为二进制、八进制和十六进制数

转换原则：整数　除 2(8,16)取余数。

　　　　　　小数　乘 2(8,16)取整数。

例 1.4　将十进制数 23.5672 转换成二进制数，小数位数精确到 4 位。

整数部分

```
2 | 23    余数
  2 | 11   1    ↑
    2 |  5  1    |
      2 |  2 1    |
        2 | 1 0    |
          0   1
```

$(23)_{10} = (10111)_2$。

小数部分　　取整

$0.5672 \times 2 = 1.1344$　　1

$0.1344 \times 2 = 0.2688$　　0

$0.2688 \times 2 = 0.5376$　　0

$0.5376 \times 2 = 1.0752$　　1

$(0.5672)_{10} = (0.1001)_2$

$(23.5672)_{10} = (10111.1001)_2$。

例 1.5　将十进制数 45.25 转化成八进制数。

整数部分 余数

```
8 | 45   5   ↑
  8 |  5  5   |
    0
```

$0.25 \times 8 = 2.0$　取整 2 ↓

$(45.25)_{10} = (55.2)_8$

例 1.6　将十进制数 55.25 转化十六进制数。

整数部分 余数

```
16 | 55   7   ↑
  16 |  3  3   |
     0
```

$0.25 \times 16 = 4.0$　取整 4 ↓

$(55.25)_{10} = (37.4)_{16}$

3. 二进制与八进制、十六进制数的相互转换

(1)二进制转换成八进制

转换原则：三位一组法(不足为三位补 0)。

例 1.7　将二进制数 10011010110 转换成八进制。

$$\begin{array}{cccc} 010 & 011 & 010 & 110 \\ \downarrow & \downarrow & \downarrow & \downarrow \\ 2 & 3 & 2 & 6 \end{array}$$

$$(10011010110)_2 = (2326)_8$$

(2)二进制转换成十六进制

转换原则：四位一组法(不足为四位补 0)。

例 1.8　将二进制数 10011010110 转换成十六进制数。

$$\begin{array}{ccc} 0100 & 1101 & 0110 \\ \downarrow & \downarrow & \downarrow \\ 4 & D & 6 \end{array}$$

$$(10011010110)_2 = (4D6)_{16}$$

(3)八进制转换成二进制

转换原则：一分为三法。

例 1.9　将八进制 6154 转换成二进制数。

$$\begin{array}{cccc} 6 & 1 & 5 & 4 \\ \downarrow & \downarrow & \downarrow & \downarrow \\ 110 & 001 & 101 & 100 \end{array}$$

$$(6154)_8 = (110001101100)_2$$

(4) 十六进制转化成二进制

转换原则：一分为四法。

例 1.10　将十六进制数 9B28 转换成二进制数。

$$\begin{array}{cccc} 9 & B & 2 & 8 \\ \downarrow & \downarrow & \downarrow & \downarrow \\ 1001 & 1011 & 0010 & 1000 \end{array}$$

$$(9B28)_{16} = (1001101100101000)_2$$

4. 八进制与十六进制的相互转换

八进制与十六进制之间不能直接转换，它们之间可以通过二进制间接来实现。

例 1.11　将八进制数 457 转换成十六进制数。

$(457)_8 = (100101111)_2 = (12F)_{16}$

例 1.12　将十六进制数 3C45 转换成八进制数。

$(3C45)_{16} = (0011110001000101)_2 = (036105)_8$

1.2.3　数据的单位

计算机中数据的常用单位有位、字节和字。

（1）位（Bit）

计算机中最小的数据单位是二进制的一个数位，简称为位（英文名称为 bit，读音为比特）。计算机中最直接、最基本的操作就是对二进制位的操作。

（2）字节（Byte）

字节是计算机中用来表示存储空间大小的基本容量单位。除用字节为单位表示存储容量外，还可以用千字节（KB）、兆字节（MB）以及十亿字节（GB）等表示存储容量。它们之间存在下列换算关系：

1B＝8bit

$1KB=1024B=2^{10}B$

$1MB=1024KB=2^{10}KB$

$1GB=1024MB=2^{10}MB$

$1TB=1024GB=2^{10}GB$

1.2.4　计算机中的数据及编码

计算机中数据是指程序、文稿、数字、图像、声音等信息，在计算机中，所有的信息都是采用二进制编码表示，由于计算机只能以识别和处理二进制数据。因此，所有的数据信息必须按特定的规则变为二进制编码后，才能输入到计算机中，这就是数据编码问题。

1. 字符编码

字符编码是指为每一个字符对应一个整数值（以及对应的二进制编码），反之亦然。为了在计算机中使用方便，字符的编码都是从 0 开始，连续排列的。由于字符与整数值之间没有必然的联系，某一个字符对应哪个整数完全由人为规定。为了信息交换中的统一性，人们已经建立了一些编码标准，常用的有 ASCII 码（美国标准信息交换代码）字符编码标准以及 IBM 公司提出的 EBCDIC 代码等。其中，又以 ASCII 码使用的范围最广泛（见表 1-3）。

在 ASCII 码中，一个字符采用 8 位二进制数来表示，其中最高位为 0，余下的 7 位可以给出 128 个编码，用来表示 128 种不同的字符。其中的 95 个编码对应键盘上能输入的 95 个字符。例如，编码 1000001 表示"A"字符，对应的十进制数是 65。编码 0110001 表示"1"字符，对应的十进制数是 49。另外的 33 个字符，其编码值为 0～31 和 127，即 000 0000～001 1111 和 111 1111，不对应任何一个实际字符。它们被用做控制码，控制计算机某些外围设备的工作特性和某些计算机软件的运行情况。例如，编码 0001010（码值为 10）表示"换行"。

表 1-3　7 位 ASCII 码表

低四位＼高三位	000	001	010	011	100	101	110	111
0000	NUL	DEL	SP	0	@	P	`	p
0001	SOH	DC1	!	1	A	Q	a	q
0010	STX	DC2	"	2	B	R	b	r
0011	ETX	DC3	#	3	C	S	c	s
0100	EOT	DC4	$	4	D	T	d	t

低四位＼高三位	000	001	010	011	100	101	110	111
0101	ENQ	NAK	%	5	E	U	e	u
0110	ACK	SYN	&	6	F	V	f	v
0111	BEL	ETB	'	7	G	W	g	w
1000	BS	CAN	(	8	H	X	h	x
1001	HT	EM	)	9	I	Y	i	y
1010	LF	SUB	*	:	J	Z	j	z
1011	VT	ESC	+	;	K	[	k	{
1100	FF	FS	,	<	L	\	l	|
1101	CR	GS	–	=	M	]	m	}
1110	SO	RS	.	>	N	^	n	~
1111	SI	US	/	?	O	—	o	DEL

2. 汉字编码

用计算机处理汉字,首先要解决汉字在计算机内的表示问题,即汉字编码问题。目前,常用的汉字编码主要有国标码与区位码。其中,汉字的国标码是通过对表示汉字的两个字节进行编码得到的,通常用十六进制表示;汉字的区位码是将汉字所在区号和位号重新编号得到的,通常用十进制表示。

国家根据汉字的常用程度定出了一级和二级汉字字符集,并规定了编码。国家标准局于1980年公布了国家标准 GB2312 — 80,即《信息交换用汉字编码字符集·基本集》,简称国标,作为计算机处理汉字的编码标准。

1.3　计算机的组成结构

1.3.1　计算机的基本结构

计算机系统由硬件系统和软件系统两部分组成,计算机系统的组成框架如图 1 – 5 所示。

计算机硬件是指组成计算机的各种物理设备,如 CPU、主板、硬盘、显示器、鼠标、键盘等。计算机软件是指为了运行、管理和使用计算机而编制的各种程序。程序由一系列的指令组成,当系统运行程序时,硬件会根据程序的指令完成相应的操作,通过这些操作的集合,最终完成指定的任务。

计算机硬件是软件的基础,而没有软件,硬件也无法工作。因此,计算机运行时,软件和硬件协同工作,缺一不可。

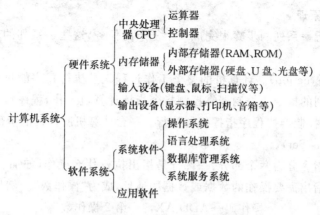

图 1-5 计算机系统的组成

1.3.2 计算机的工作原理

1. 冯·诺依曼结构

1945 年,著名应用数学家冯·诺依曼(见图 1-6)提出了一个全新的存储程序的通用电子计算机方案,即"冯·诺依曼结构",成为电子计算机结构设计的主要依据。至今计算机的发展仍按照这一原理进行设计。根据"冯·诺依曼结构"设计的计算机,其工作原理的核心思想为"存储程序、程序控制"。图 1-7 为计算机工作时的流程图。

图 1-6 冯·诺依曼

冯·诺依曼结构基本思想

·计算机的指令和数据均采用二进制表示;

·由指令组成的程序和要处理的数据一起存放在存储器中。机器一启动,控制器按照程序中指令的逻辑顺序,把指令从存储器中读出来,逐条执行(程序存储式计算机);

·由输入设备、输出设备、存储器、运算器、控制器五个基本部件组成计算机的硬件系统,在控制器的统一控制下,协调一致地完成由程序所描述的处理工作。

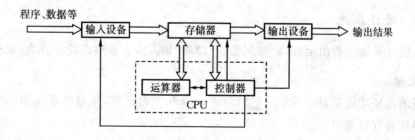

图 1-7 计算机工作流程图

用户通过输入设备将程序和数据等输入到存储器中,当程序开始运行时,计算机控制器自动从存储器中取出指令,并加以执行,完毕后控制器再从存储器中取出指令并执行,如此反复操作,直到程序执行完毕,将结果保留在存储器内,并通过输出设备输出给用户。

2. 计算机工作原理

计算机通过执行一系列的步骤来完成一个复杂的任务,这些一系列的步骤就是通常所说的"程序"。

计算机指令(Instuction)。计算机的整个工作过程就是执行程序的过程。程序就是一系列按照一定要求排列的指令。控制器靠控制指令指挥计算机工作,程序设计人员则用指令表达自己的意图,并由控制器按程序指挥机器执行。一台计算机所执行的全部指令叫做"计算机程序集"(Instructions Set)。

一条计算机的指令分为两个部分:一部分是指出执行什么操作,如加、减运算等,称为"操作码";另一部分是指出需要操作的数据或数据的地址,成为"操作数"。例如:

$$操作码 \rightarrow ADD\ AX,9 \leftarrow 第\ 2\ 操作数$$

第 1 操作数

在这条指令中:ADD 是操作码;AX 是第一个操作数存放的地址;9 是第二个操作数;执行这条指令就是将 AX 中的数和 9 相加,结果放到 AX 中。

计算机通过执行一个程序来完成一项任务,而一个程序由若干条指令组成。因此,了解计算机执行一个程序的过程也就明白了计算机的工作原理。

计算机执行一条指令包括取指令,分析指令和执行指令:

(1)取指令和分析指令。按照程序所规定的次序,从内存存储器取出当前要执行的指令,并将指令送到控制器的指令寄存器中。然后对该指令译码分析,即根据指令中的操作数确定计算机应进行的操作。

(2)执行指令。控制器按照指令分析的结果,发出一些列的控制信号,指挥有关部件完成该指令的操作。与此同时为取下一条指令做好准备。

一台计算机的指令是有限的,但用它们可以编制出个各种不用的程序,可完成的任务是无限的。

1.4 计算机系统

1.4.1 硬件系统

计算机硬件系统主要由运算器、控制器、存储器、输入设备和输出设备五大部分组成。

1. 运算器

运算器的主要功能是对二进制数进行算术运算和逻辑运算,主要由算术逻辑单元 ALU、加法器和通用寄存器等组成。

2. 控制器

控制器主要负责将指令从存储器中取出,分析指令并发出控制信号,指挥计算机各部分进行工作。控制器是整个计算机的指挥中心,主要由指令寄存器、译码器、程序计数器和操作控制器等组成。

由于现代集成电路的发展,使得运算器和控制器能够集成在一起,称为中央处理器 CPU。

3. 存储器

存储器是计算机中用来存储各类程序和数据信息的记忆装置,是计算机的"仓库"。存储器具备"读"、"写"两种功能,在存储器中将数据取出来,称为存储器的"读";将数据存到存储器当中去,称为存储器的"写"。

存储器分为两类:内存储器(见图 1-8)和外存储器(见图 1-9)。内存储器容量较小,读取速度快,CPU 能够直接读取,因此内存常与 CPU 一起组成计算机的主机。外存储器存储容量大,价格比较便宜,但对其进行读取必须调用内存储器,因此读取速度慢。

图 1-8　内存储器

图 1-9　外存储器

4. 输入设备

输入设备是将计算机外部的信息传送至计算机内部的设备,是计算机与用户间通信的桥梁。常用的输入设备有键盘、鼠标、扫描仪、光盘驱动器等(见图 1-10)。

图 1-10　常见输入设备

5. 输出设备

输出设备是将计算机处理后的结果信息,转换为用户能够识别的形式并进行显示和输出的设备。常用的输出设备有显示器、打印机、音箱等(见图 1-11)。

图 1-11　常见输出设备

1.4.2　软件系统

计算机软件系统主要由系统软件和应用软件两大类组成。

1. 系统软件

系统软件是由一系列控制、管理和维护计算机资源的程序组成,主要用来对计算机进行管理、控制、运行和维护,对运行程序进行翻译等服务,为用户和应用软件提供控制和访问硬件的手段。系统软件包括操作系统、监控程序、语言翻译程序等。

操作系统是系统软件的代表,主要用来对计算机硬件直接控制和管理,是用户和计算机的接口,用户利用操作系统,可以最大程度地利用计算机的性能,使计算机各部分协调有序地进行工作。常用的操作系统有 DOS、UNIX、Linux 和 Windows。

近年来,随着移动设备不断流行(如智能手机),在这些移动设备安装的操作系统打破了 Windows 一统天下的局面,如 Google 公司开发的基于 Linux 平台的操作系统 AndRiod,操作系统源代码完全开放,不需要考虑垂直兼容,因此软件所占空间较小,适宜在移动设备上安装,市场发展前景十分广阔。

2. 应用软件

应用软件是为了利用计算机解决某一领域的问题而编写的应用软件,其设计开发具有一定的针对性。应用软件分为通用应用软件和专用应用软件。

本章小结

本章介绍了计算机的基本知识,主要内容有计算机的发展历程、特点、组成和基本原理,计算机中信息的表示方法等。通过本章的学习,可以了解计算机的基础知识,为用户了解和使用计算机打下基础。

上机与习题

一、填空题

(1)第一台电子数字计算机 ENIAC 诞生于 _____ 年。

(2)计算机发展的分代史,通常以其采用的逻辑元件作为划分标准。其中第一代电子计算机采用的是 _____。

(3)用计算机控制人造卫星和导弹的发射,按计算机应用的分类,它应属于_____。

(4)计算机中数据是指_____。

(5)以存储程序和程序控制为基础的计算机结构是由_____最早提出的。

(6)在十六进制的某一位上,表示"十二"的数码符号是_____。

(7)十进制数 93 转换成二进制数为_____。

(8)二进制数 10011010.1011 转化为八进制数是_____。

(9)ASCII 码是_____。

(10)一个完整的计算机系统包括_____两大部分。

二、简答题

(1)计算机硬件系统由哪几部分组成?

(2)控制器的功能是什么? 主要由哪些部件组成?

(3)计算机的特点有哪些?

第 2 章

Windows XP 操作系统

2.1　Windows XP 操作系统简介

2.1.1　Windows XP 简介

Windows XP 是微软公司于 2001 年发布的基于 Windows NT 的 32 位操作系统,是目前使用最多的操作系统之一。Windows XP 集成了 Windows 之前版本的许多优秀性能,如即插即用、简单方便的操作界面、安全性和可靠性等。在此基础上,Windows XP 新增了许多新的特性,使其界面美观友好,使用方便快捷,系统运行稳定可靠。Windows XP 主要有两个版本,即针对家庭用户的家庭版(Home)和针对商业办公的专业版(Professional)。

目前,微软公司已经推出了其新一代操作系统 Windows Vista 和 Windows 7。然而,比起 Windows Vista 和 Windows 7 要求更高的配置要求和更复杂的操作要求,Windows XP 则显得简单快捷、易学易用,因此 Windows XP 仍然是目前使用最为广泛的操作系统。

2.1.2　Windows XP 运行环境和安装

1. Windows XP 的运行环境

中文 Windows XP 操作系统的运行的最低配置:

◆ CPU:Intel MMX 233MHz;

◆ 内存:64MB;

◆ 硬盘空间:1.5GB;

◆ 显卡:4MB 显存以上的 PCI、AGP 显卡;

◆ 声卡:最新的 PCI 声卡;

◆ CD-ROM:8x 以上 CD-ROM。

2. Windows XP 的安装

(1)进入计算机系统 BIOS 设置,设置第一启动为"CD-ROM",保存后退出。

(2)打开光盘驱动器,放入 Windows XP 安装光盘。

(3)重新启动计算机,系统会提示是否从光盘驱动器中安装,当屏幕上显示"Press any key to boot from CD..."时,点击任意键继续。安装程序会自动检测计算机配置,并从光盘中读取安装文件,此时屏幕显示出现欢迎界面,如图 2-1 所示。

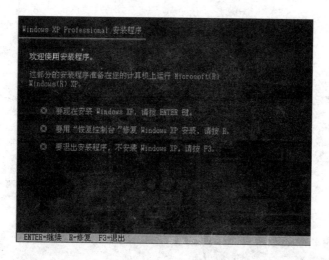

图 2-1　Windows XP 安装程序欢迎界面

（4）按 Enter 键，出现 Windows XP 许可协议界面，按 F8 表示同意。若当前没有创建磁盘分区，安装程序会显示，选择未划分的空间并按 Enter 键开始创建分区。若当前已存在逻辑分区，则会显示硬盘分区信息的界面，如图 2-2 所示。

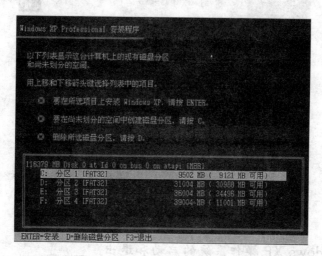

图 2-2　已划分磁盘分区信息界面

（5）通过方向键选择一个现有的磁盘分区，按 Enter 键确认，系统出现格式化该分区的选项，任选一种格式化方式后按 Enter 键确认，开始格式化。此时屏幕上将出现一个进度条来显示格式化的进度，如图 2-3 所示。

（6）安装程序检测硬盘，通过检测后，系统将把安装程序从光盘上复制到硬盘中，复制完毕后出现重新启动计算机提示。

（7）重新启动后，出现 Windows XP 安装窗口，系统将继续安装程序并检测和安装设备，此时用户可根据安装提示进行操作，如图 2-4 所示。

（8）安装完毕后，进入 Windows XP 系统，安装硬件驱动程序，完毕后便完成系统的安装。

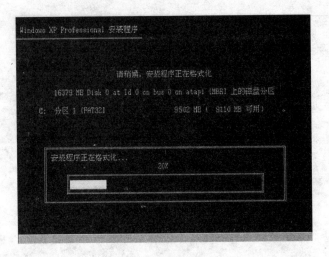

图 2-3　磁盘格式化进度条

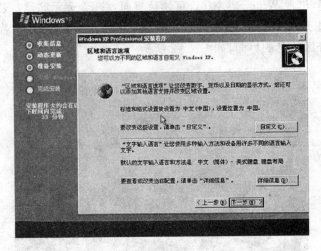

图 2-4　Windows XP 系统安装界面

2.1.3　Windows XP 操作系统的启动和退出

1. Windows XP 操作系统的启动

启动计算机,若计算机内安装了多个操作系统,则在操作系统列表中选择 Windows XP 操作系统并确定,然后系统会进入 Windows XP 的欢迎界面。若没有创建系统用户和密码,则可以直接进入 Windows XP 的桌面;若创建了系统用户和密码,则需选择系统用户,并输入正确的密码即可进入,如图 2-5 所示。

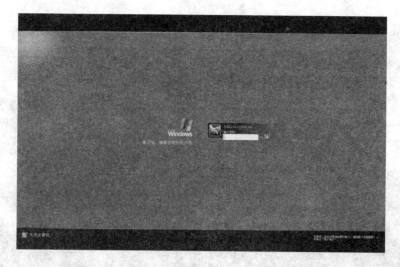

图 2-5 Windows XP 系统登录界面

2. Windows XP 操作系统的退出

想要退出当前的 Windows XP 操作系统,点击【开始】菜单下的【关闭计算机】按钮或利用键盘快捷键 Alt＋F4,会弹出【关闭计算机】窗口,如图 2-6 所示,窗口中有 3 个按钮,即【待机】、【关闭】和【重新启动】。点击【待机】按钮可使系统进入待机状态,使系统进入低能耗状态;点击【关闭】按钮即可关闭计算机;点击【重新启动】按钮即可关闭当前系统并重新启动系统。

图 2-6 Windows XP 系统关闭界面

2.2 Windows XP 操作系统的基本操作

2.2.1 Windows XP 的桌面及其管理

进入 Windows XP 操作系统后,首先呈现在用户面前的是 Windows XP 的桌面,如图2-7所示。

Windows XP 的桌面由桌面图标、桌面背景和任务栏组成。图标是 Windows 系统中对可操作对象的图形标识。Windows XP 桌面上常见的图标有 、 、 、 、 。用户可以根据自己的需要在桌面上添加安装程序的桌面图标。任务栏是桌面最下方的长条形区域,用来显示系统正在运行的程序、窗口、字体和时间等内容。任务栏由"开始"菜单、快速启动栏、窗口按钮栏和系统提示区 4 部分组成。

1. 桌面图标的添加

在桌面上添加常用程序的桌面图标,通常采用以下两种办法:

◆ 将使用的程序、文件、文件夹等对象用鼠标拖动的桌面上,即可建立这些对象的桌面图标。

图 2-7　Windows XP 系统桌面

◆ 在桌面空白处点击鼠标右键,在弹出的快捷菜单中点击【新建】命令,在其下级菜单中选择【快捷方式】命令,如图 2-8 所示。

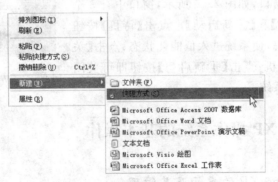

图 2-8　新建【快捷方式】操作

2. 桌面图标的排列

当桌面图标显示分布散乱时,应对桌面图标进行排列,具体方法为:在桌面空白处点击鼠标右键,在弹出的快捷菜单中点击【排列图标】命令,如图 2-9 所示,在其下级菜单中选择排列的方式,点击后系统会按照标准对图表进行自动排列。

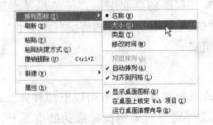

图 2-9　排列桌面图标操作

3. 桌面图标的删除

在桌面上选择要删除的桌面图标,点击鼠标右键,在弹出的快捷菜单中选择【删除】命令,此时会弹出【确认文件删除】对话框,点击【确定】即可,如图 2-10 所示。

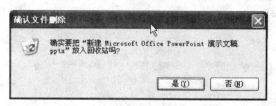

图 2-10 确认文件删除操作

4. 任务栏的调整

利用鼠标可以轻松实现对任务栏大小的调整和位置的改变,操作方法如下:

◆ 将鼠标移至任务栏边框处,此时鼠标变为双向箭头,按住鼠标左键并拖动任务栏,调整到适当大小后释放左键即可。

◆ 将鼠标移至任务栏空白区,按住鼠标左键并拖动任务栏,在桌面四周适当位置释放鼠标即可。

5. 任务栏的锁定

在任务栏右侧空白区中点击鼠标右键,在弹出的快捷菜单中选择【锁定任务栏】命令,此时任务栏即被锁定,不能进行任务栏的大小的调整和位置的移动。

2.2.2 Windows XP 的窗口和对话框操作

1. Windows XP 窗口的操作

1)窗口的组成

在 Windows XP 中打开一个对象时,系统会打开与之对应的窗口,如图 2-11 所示,窗口主要由标题栏、控制按钮、菜单栏、工具栏、工作区、状态栏等部分组成。

2)窗口的调整

除了利用鼠标在窗口边框处进行拖动的方法来调整窗口的大小外,还可以利用窗口右上角的控制按钮来调整窗口,使窗口最大化、最小化或还原成默认大小。

通过将鼠标移至标题栏,按住左键并拖动,可以实现窗口位置的调整。

3)窗口的激活

当有多个窗口同时运行时,位于最前面的称为活动窗口,其他的均为非活动窗口。只有活动的窗口才能进行操作,因此在对窗口进行操作之前,首先必须将其激活。在任务栏上点击要激活窗口的按钮,或者用鼠标在非活动窗口内单击,即可将窗口激活。

2. Windows XP 对话框的操作

对话框是 Windows XP 中一种在执行某些命令时弹出的一种不能进行大小调整的特殊窗口,如图 2-12 所示。

对对话框的操作要根据需要来进行,如对于输入文本框,对其进行编辑时,需点击文本框并进行输入;对于下拉文本框,需点击下拉按钮,在下拉列表中选择所需对象等。

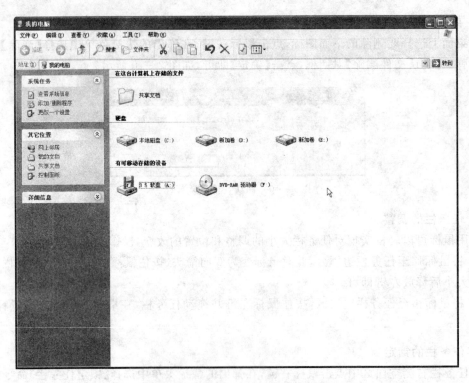

图 2 - 11　Windows XP 系统窗口

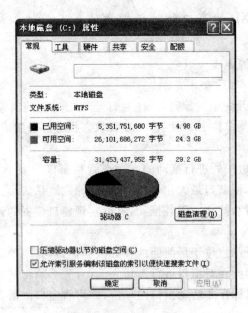

图 2 - 12　Windows XP 系统对话框

2.2.3　Windows XP 的菜单操作

在 Windows XP 系统中,对菜单的操作十分方便快捷。单击菜单栏中的某一菜单按钮,会弹出其下拉子菜单,根据需要选择其中的命令即可。若要取消菜单,仅需在菜单外区域点击鼠标。

除上述方法外,还可以利用键盘来打开菜单。利用键盘 Alt+所选菜单项对应的字母键可弹出其子菜单。此外,按下 Alt 或 F10 键,此时系统会选中菜单栏第一项,通过方向键可进行调整,利用 Enter 键可打开其子菜单。

2.3　文件或文件夹管理

2.3.1　文件或文件夹的概念

文件是指按照一定存储格式存储在计算机存储器中的一组具有名称标识的相关信息的集合。文件是计算机操作系统存储和管理信息的基本单位,根据其内容可分为数据文件、程序文件、系统文件、文本文件、声音文件、图像文件等。

文件夹是保存文件和子文件夹的地方,是系统组织管理文件的一种形式。一般情况下,文件夹用来存放着有共性的文件,以便于用户的使用和管理。在 Windows XP 系统中,是采用树形结构的文件夹形式来组织和管理文件的。

2.3.2　文件或文件夹的新建

创建新的文件夹的方式有多种,最常用的方式为利用鼠标右键的【新建】→【文件夹】命令,如图 2-13 所示。此外,还可以利用菜单栏上的【文件】→【新建】→【文件夹】命令。

对于新的文件的创建,由于文件类型的不同,其创建的方式也不一样,用户可以根据其类型采用不同的方式进行创建。

图 2-13　新建文件夹操作

2.3.3　文件或文件夹的移动

移动文件或文件夹的方式主要有以下几种:

◆ 选中要移动的文件和文件夹,点击鼠标右键,在弹出的快捷菜单中选择【剪切】命令,在目标位置点击右键并选择【粘贴】命令即可。

◆ 利用菜单栏上的【编辑】菜单下的【剪切】和【粘贴】命令也可以完成上述操作。

◆ 选中要移动的文件或文件夹,点击菜单栏上的【编辑】→【移动至文件夹】命令,在弹出的【移动项目】对话框中选择移动的位置,完成后点击【移动】即可,如图 2 - 14 所示。

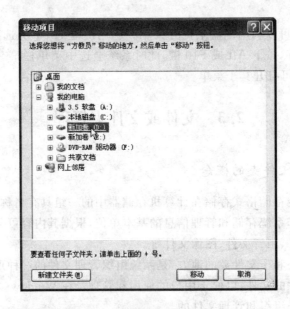

图 2 - 14　文件或文件夹移动操作

2.3.4　文件或文件夹的复制

复制文件或文件夹的方式主要有以下几种:

◆ 选中要复制的文件和文件夹,点击鼠标右键,在弹出的快捷菜单中选择【复制】命令,在目标位置点击右键并选择【粘贴】命令即可。

◆ 利用菜单栏上的【编辑】菜单下的【复制】和【粘贴】命令也可以完成上述操作。

◆ 选中要移动的文件或文件夹,点击菜单栏上的【编辑】→【复制至文件夹】命令,在弹出的【复制项目】对话框中选择移动的位置,完成后点击【复制】即可。

2.3.5　文件或文件夹的删除

删除文件或文件夹的方式主要有以下几种:

◆ 选中要删除的文件和文件夹,点击鼠标右键,在弹出的快捷菜单中选择【删除】命令,在弹出的对话框中点击确定即可。

◆ 利用菜单栏上的【文件】→【删除】命令。

◆ 利用键盘上的 Delete 键。

2.3.6　文件或文件夹的重命名

为文件或文件夹重新命名的方式主要有以下几种:

◆ 选中要重命名的文件和文件夹,点击鼠标右键,在弹出的快捷菜单中选择【重命名】命令,输入新的名字,点击 Enter 键即可。

◆ 利用菜单栏上的【文件】→【重命名】命令。

◆ 选中文件和文件夹,将鼠标指针移至其名字部分并单击,当变为输入状态时输入新的名字即可。

2.3.7　文件或文件夹属性的设置

1. 文件夹属性的设置

选中要设置属性的文件夹,选择【文件】→【属性】命令,弹出【属性】对话框。对话框包含三个选项,分别为【常规】、【共享】和【安全】。

【常规】选项中显示了文件夹的信息,并且可以设置文件夹的属性,如图 2-15 所示。文件夹的属性有两种,【只读】和【隐藏】,具有【只读】属性的文件夹不能被删除,具有【隐藏】属性的文件夹被隐藏后就不在窗口中显示。

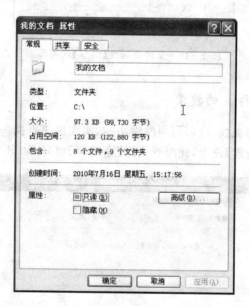

图 2-15　文件夹属性【常规】选项界面

【共享】选项用来设置文件夹是否共享以及共享的方式,如图 2-16 所示。

2. 文件属性的设置

文件属性中,除了【常规】和【安全】选项卡外,还多出了【摘要】选项,用来对文件的标题、主题、作者、类别、关键字、备注等信息进行输入。文件属性的设置方法与文件夹的基本相同。

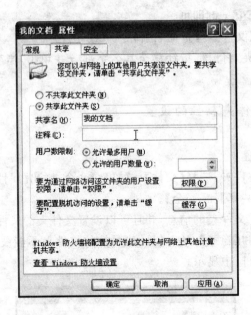

图 2-16　文件夹属性【共享】选项界面

2.3.8　文件或文件夹的搜索

对于文件或文件夹的查找,可以利用搜索功能,实现快速查找。具体的操作方法如下:

(1)选择【开始】→【搜索】命令,此时弹出【搜索结果】窗口,如图 2-17 所示。

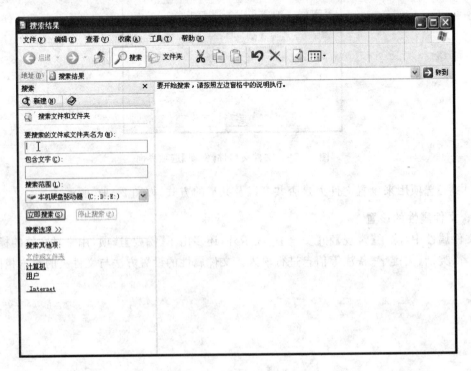

图 2-17　文件搜索界面

(2)设定搜索的范围,输入搜索的标准或关键字,完毕后点击【立即搜索】按钮。

(3)搜索的结果将显示在右侧的工作区域中,用户可以对搜索结果进行操作。

2.4　系统管理与设置

2.4.1　控制面板

控制面板是用户进行系统设置的地方,用户可以根据自己的需要利用它来设置计算机。选择【开始】→【控制面板】命令可以打开【控制面板】窗口,【控制面板】窗口包含经典视图和分类视图两种模式,用户可以在这两种模式之间自由切换,如图 2-18 和图 2-19 所示。

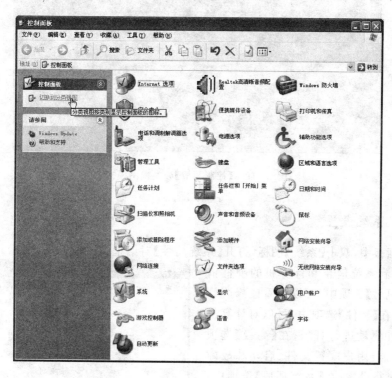

图 2-18　【控制面板】经典视图模式

图 2-19　【控制面板】分类视图模式

2.4.2　系统设置

在控制面板中，双击【系统】图标，打开【系统属性】对话框，如图 2-20 所示。在【常规】选项中，可以看到系统信息和计算机的硬件信息；在【计算机名】选项中，可以查看或修改计算机的名字；在【硬件】选项中，可以对计算机的硬件设备和驱动进行管理；在【高级】选项中，可以对性能、用户配置文件、启动和故障恢复等功能进行设置；在【系统还原】选项中，可以对系统还原功能进行设置；在【自动更新】选项中，可以对系统的自动更新进行设置；在【远程】选项中，可以对计算机的远程访问进行设置。

2.4.3　显示设置

在控制面板中，双击【显示】图标，打开【显示属性】对话框，如图 2-21 所示。在【常规】选项中，可以选择计算机的使用主题；在【桌面】选项中，可以设置计算机的背景图片；在【屏幕保护程序】选项中，可以设置计算机

图 2-20　【系统属性】对话框

的屏幕保护程序;在【外观】选项中,可以设置窗口按钮的样式、字体的大小和色彩等;在【壁纸自动换】选项中,可以设置壁纸的自动更换功能;在【设置】选项中,可以对系统的分辨率、颜色质量等显示效果进行设置。

2.4.4　鼠标键盘设置

在控制面板中,双击【键盘】图标,打开【键盘属性】对话框,如图 2-22 所示。在【速度】选项中,可以对字符重复和光标闪烁频率等属性进行设置;在【硬件】选项中,可以设置键盘设备的硬件属性。

在控制面板中,双击【鼠标】图标,打开【鼠标属性】对话框,如图 2-23 所示。在【鼠标键】选项中,可以对鼠标键点击的属性进行设置;在【指针】选项中,可以对指针的显示方式进行设置;在【指针选项】选项中,可以对指针的移动、可见性等属性进行设置;在【轮】选项中,可以对鼠标滑轮的滚动属性进行设置;在【硬件】选项中,可以设置鼠标设备的硬件属性。

图 2-21　【显示属性】对话框

图 2-22　【键盘属性】对话框

图 2-23　【鼠标属性】对话框

2.4.5　系统时间设置

在控制面板中,双击【日期和时间】图标,打开【日期和时间属性】对话框,如图 2-24 所示。在【时间和日期】选项中,可以对系统时间和日期进行设置;在【时区】选项中,可以选择系统使用的时区;在【Internet 时间】选项中,可以设置将系统时间与 Internet 服务器的时间同步。

2.4.6　用户账号设置

Windows XP 允许多用户登陆,并且可以给各个用户设置不同的权限,Windows XP 用户的设置方法如下:

在控制面板中,双击【用户账户】图标,打开【用户账户】窗口,如图 2-25 所示。选择【创建一个新账户】选项,按照提示信息操作,可以创建一个新的账户,并设置用户权限。在【挑选一个账户做更改】选项中,可以对现有账户进行密码、图片等属性的更改。

图 2-24　【日期和时间属性】对话框

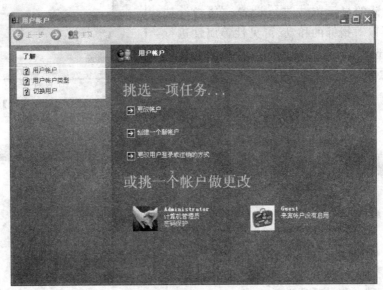

图 2-25　【用户账户】窗口

2.4.7　打印机设置

在控制面板中,双击【打印机和传真】图标,打开【打印机和传真】窗口。在窗口右侧的【打印机任务】窗格中,可以添加新的打印机。在左侧的工作区窗格中,显示现有的打印机,可对其进行操作。

2.4.8　程序的添加和删除

在控制面板中,双击【添加或删除程序】图标,打开【添加或删除程序】对话框,如图 2-26 所示。选择【更改或删除程序】选项,可以在左边显示的已安装程序列表中选择要进行更改或删除的程序,单击【更改】或【删除】按钮,按照提示进行更改或删除的操作。在【添加新程序】选项中,可以添加新的 Windows 程序。在【添加/删除 Windows 组建】选项中,可以进行 Windows 组件的添加或删除。

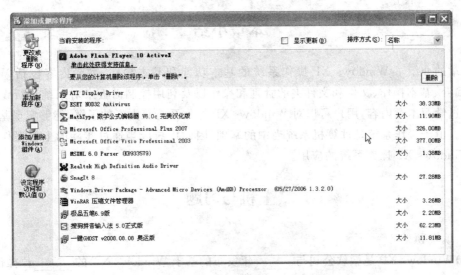

图 2-26 【添加或删除程序】对话框

2.4.9 新硬件添加

在 Windows XP 系统中,所有的硬件设备统一由【设备管理器】进行管理,如图 2-27 所示。硬件设备按照使用方式分为即插即用型和非即插即用型。对于非即插即用设备,用户必须利用【设备管理器】按照提示安装设备的驱动程序后才能进行使用。对于即插即用的设备,系统会对其进行自动识别,安装驱动程序,更新系统并分配资源。

若硬件的安装不能自动完成,这时可以双击【添加硬件】图标,打开【添加硬件向导】对话框,如图 2-28 所示,按照提示进行硬件的安装。

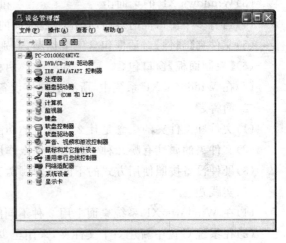

图 2-27 【设备管理器】对话框

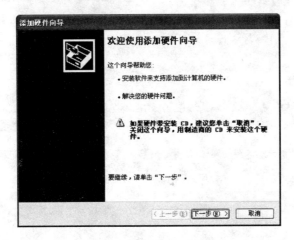

图 2-28 【添加硬件向导】对话框

本章小结

本章的介绍了 Windows XP 操作系统的基本功能和基本操作,主要内容包括 Windows XP 的简介、基本操作、文件和文件夹的管理和操作以及利用控制面板来对系统进行设置等内容。通过学习本章内容,用户可以对 Windows XP 操作系统有大概的了解,能够实现基本的应用操作。由于操作系统是计算机系统当中的基础,因此用户应当通过实际的上机操作来熟练掌握 Windows XP 操作系统的应用。

上机与习题

一、填空题

(1)Windows XP 是微软公司与_____年发布的基于 Windows NT 的_____位操作系统。

(2)点击【待机】按钮可使系统进入待机状态,使系统进入_____状态。

(3)Windows XP 的桌面由_____、_____和_____组成。

(4)当有多个窗口同时运行时,位于最前面的称为_____,其他的均为_____。

(5)文件夹【属性】对话框包含三个选项,分别为_____、_____和_____。

(6)【控制面板】窗口包含_____和_____两种模式。

(7)在 Windows XP 系统中,所有的硬件设备统一由_____进行管理。

二、简答题

(1)文件和文件夹的概念是什么?各自的功能是什么?

(2)文件夹的属性有哪几种?分别有什么作用?

(3)硬件设备按照使用方式的不同分为哪两类?

三、实践题

(1)在 Windows XP 系统桌面上用 2 种不同的方式添加任一程序的图标。

(2)在系统 C 盘中新建一个文件夹,采用至少 3 种不同的方式将文件夹移动至 D 盘中。

(3)利用控制面板建立 2 个不同的账户,并采用不同方式进行账户切换。

第 3 章

Word 2007 文字处理软件

Word 2007 是 Microsoft 公司推出的 Office 2007 套件中的文字处理软件,它是在之前版本的基础上进行了较大的调整,使其拥有了一个全新的用户界面。这种用户界面将早期版本中的菜单、工具栏和大部分任务窗格的命令以按钮的形式呈现出来,在使用时仅需点击相应功能的按钮即可进行处理,这种方式能够帮助用户更容易地找到完成各种任务的相应功能,从而更加高效地使用 Word 来进行文字处理。

3.1   Word 2007 概述

3.1.1   Word 2007 的启动与退出

1. Word 2007 的启动

启动 Word 2007 有以下三种方式:

(1)单击【开始】→【所有程序】→【Microsoft Office】→【Microsoft Office Word 2007】命令,即可启动 Word 2007,如图 3-1 所示。

图 3-1   利用【开始】菜单启动 Word 2007

（2）双击【桌面】上的【Microsoft Office Word 2007】快捷方式图标按钮。

（3）双击【我的电脑】或者【资源管理器】中一个现有的 Word 文档图标的文件时，系统会首先启动 Word 程序，并打开该文档。

2. Word 2007 的退出

退出 Word 2007 有以下四种方式：

（1）单击【Office 按钮】→【退出 Word(X)】命令，如图 3-2 所示。

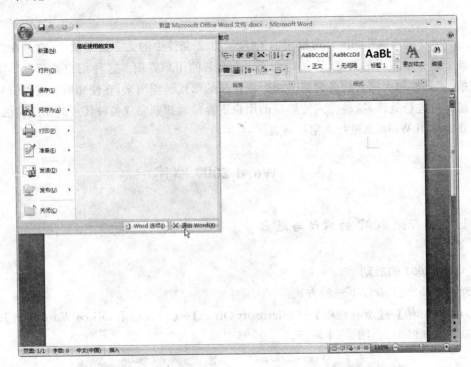

图 3-2　利用【Office 按钮】关闭 Word 2007

（2）双击【Office 按钮】。

（3）单击右上角的【关闭 ✕ 】按钮。

（4）直接按键盘上的"Alt＋F4"键。

3.1.2　Word 2007 的界面介绍

启动 Word 2007 后，将会看到其全新的操作界面，如图 3-3 所示。Word 2007 窗口主要由 6 个部分组成，分别为：标题栏、选项卡、功能区、标尺、工作区和状态栏。

1. 标题栏

标题栏位于 Word 窗口最上方，由【Office 按钮】、快速访问工具栏、标题和窗口操作按钮四部分组成。其中，【Office 按钮】的功能相当于旧版本中的"文件"菜单，单击【Office 按钮】可出现如图 3-4 所示的下拉菜单，其中左侧显示常用的操作命令，右侧显示最近使用过的 Word 文档，下方两个按钮分别用来设置 Word 文档的属性和退出 Word 文档。

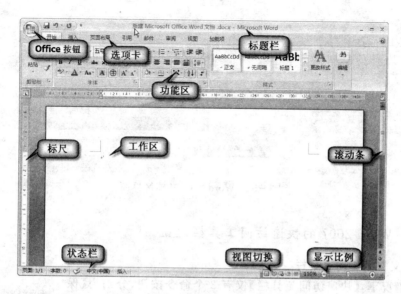

图 3-3　Word 2007 操作界面

2. 选项卡

选项卡对应着不同的功能区,单击选项卡可以在不同功能区之间进行切换。

3. 功能区

功能区是可视化的命令按钮,如图 3-5 所示,用户仅需点击相应的按钮即可完成各种功能,这种直观简捷的界面布局有利于用户更好的运用 Word 2007 进行文档处理。在使用时,将鼠标停留在命令按钮上片刻,将会显示此按钮功能的提示。

4. 标尺

标尺包含水平标尺和垂直标尺,在"页面视图"中,水平标尺和垂直标尺均可以显示,而在"普通视图"和"Web 版式视图"中,仅水平标尺可以显示,"阅读版式视图"和"大纲视

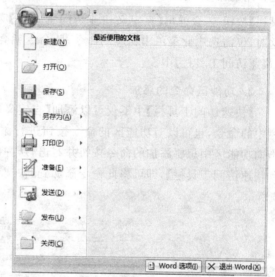

图 3-4　【Office 按钮】下拉菜单

图"中不显示标尺。标尺的主要功能为查看文档宽度、段落缩进位置和制表符位置等。

5. 工作区

工作区是用户进行文档编辑的区域,用户可以在其中输入编辑文字、图像等信息。

6. 状态栏

状态栏左侧显示文档的总页数、总字数、输入语言种类及插入/改写状态,右侧为视图切换按钮及显示比例。

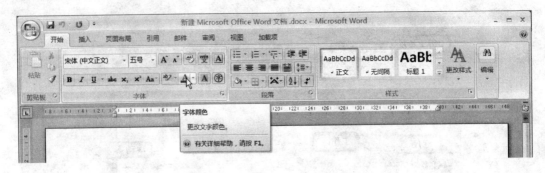

图 3-5　　Word 2007 功能区界面

3.1.3　Word 2007 的快速访问工具栏设置

1. 自定义快速访问工具栏

在默认情况下,【快速访问工具栏】仅有 3 个命令按钮,分别为【保存】,【撤销键入】和【回复键入】。若想要在【快速访问工具栏】中添加一些常用的命令,可以单击【快速访问工具栏】右侧的【自定义快速访问工具栏】按钮 ，会弹出【自定义快速访问工具栏】菜单,如图 3-6 所示。这时,仅需选中此菜单中相应的命令,此命令就会以图标的形式显示在【快速访问工具栏】中。

2. 功能区命令的添加

【快速访问工具栏】中不仅可以添加【自定义快速访问工具栏】菜单栏中的命令,也可以对功能区的命令按钮进行添加,其方法为:将鼠标指向功能区中想要添加的命令按钮并右击,从弹出的菜单中选择【添加到快速访问工具栏】,即可将此命令添加到【快速访问工具栏】,如图 3-7 所示。

图 3-6　【自定义快速
访问工具栏】菜单

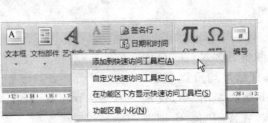

图 3-7　【快速访问工具栏】按钮添加操作

3.【快速访问工具栏】按钮的删除

如果要在【快速访问工具栏】中删除已有的命令按钮,仅需将鼠标指向要删除的命令按钮并右击,从弹出的菜单中选择【从快速访问工具栏删除】,即可将此命令按钮删除,如图 3-8 所示。

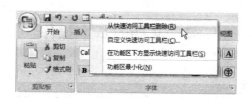

图 3 - 8　【快速访问工具栏】按钮删除操作

3.1.4　Word 2007 功能区显示或隐藏

功能区集中了 Word 2007 所有常用的命令,这样就占据了很大一部分区间,若想要最大程度的显示文档的内容,可以将功能区临时进行隐藏,当需要时再进行显示,隐藏功能区的操作方法如下:将鼠标指向当前活动的选项卡并双击,这时功能区就被隐藏起来。当在不同选项卡之间进行切换时,功能区将会临时显示出来,一旦鼠标离开功能区并注销掉活动的选项卡时,功能区就会被隐藏起来。若想要重新显示功能区,只需再次双击活动的选项卡,如图 3 - 9所示。

图 3 - 9　功能区隐藏效果图

3.2　文档的基本操作

3.2.1　文档的创建

用户利用 Word 2007 进行文档编辑时,首先必须创建一个新的空白文档,创建方法有以下两种方式:

(1)第一次启动 Word 2007 时,系统会自动创建一个名为"文档 1"的空白文档,再次启动时,将会以"文档 2"、"文档 3"的顺序命名并创建新文档。

(2)单击【Office 按钮】→【新建】,会弹出【新建文档】窗口,如图 3-10 所示,选择【空白文档】,点击创建或双击【空白文档】图标,即可创建一个新的空白文档。

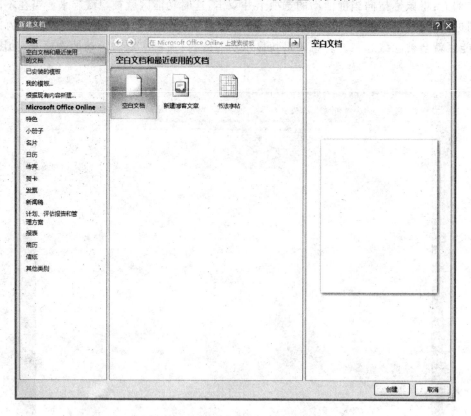

图 3-10　新建 Word 2007 文档操作

除了空白文档,Word 2007 还提供了根据模板来创建文档的功能,并且为用户准备了多种类型的模板,使用模板创建文档具体操作为:单击【Office 按钮】→【新建】,在弹出【新建文档】窗口选择【已安装的模板】,即可看到所有可以使用的模板,选择需要的模板并创建相应的文档,如图 3-11 所示。

此外,Word 2007 还提供了在线的模板下载功能,只需要选择【新建文档】窗口中【Microsoft Office Online】栏下的模板类型并下载即可,此功能的使用必须连接 Internet,否则仅能使用【已安装的模板】中的模板。

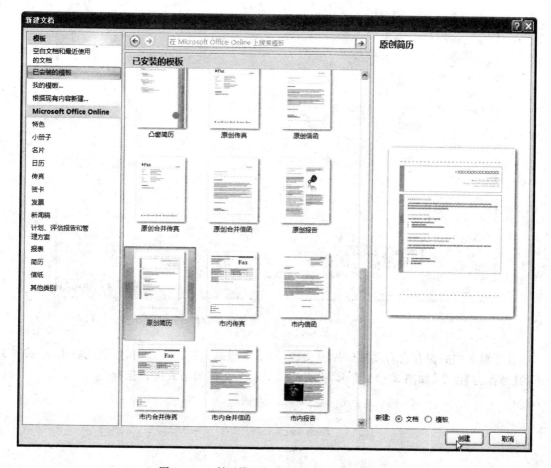

图 3-11　利用模板新建 Word 2007 文档操作

3.2.2　文档的保存

编辑过的文档只有经过保存之后才能永久的存储在计算机内,否则一旦机器关机,将会使得未保存的信息丢失,因此文档的保存是十分重要的。在 Word 2007 中,提供了多种方式进行保存,具体方法有以下三种:

(1)单击【快速访问工具栏】上的保存按钮 ![save]。

(2)单击【Office 按钮】,点击【保存】命令。

(3)利用快捷键 Ctrl+S 或 Shift+F12

利用上述方法对编辑的文档进行保存时,若是第一次进行保存,则会弹出【另存为】窗口,用于指定文档保存的位置、类型以及文件名,如图 3-12 所示。

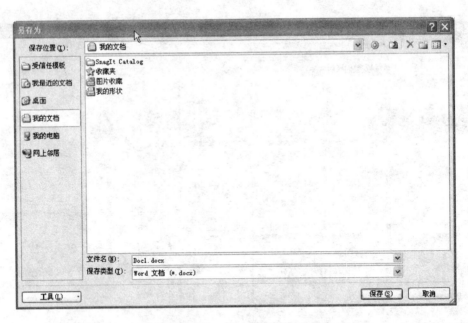

图 3 - 12　Word 2007 文档的保存操作

对编辑文档的保存会自动覆盖掉原文档,若不希望原文档被覆盖时,可利用【Office 按钮】下的【另存为】命令,如图 3 - 13 所示,将文档以另一个文档的形式进行保存。

图 3 - 13　Word 2007 文档另存为新文档操作

Word 2007 提供了"自动保存"的功能,在指定的时间自动保存文档,以防止因为断电或死机等特殊情况造成的文档信息丢失,使损失降到最小。具体的操作方法为:单击【Office 按钮】下方的【Word 选项】,在弹出的窗口中选择【保存】命令,选择右侧的【保存自动恢复信息时间间隔】,并设置时间,默认为十分钟,并可设置自动恢复文件的位置,如图 3 - 14 所示。

图 3－14　自动保存文档设置界面

3.2.3　文档的打开与关闭

1. 文档的打开

打开一个 Word 2007 文档有多种方式，常用的有以下两种：

（1）单击【Office 按钮】，点击【打开】命令，在弹出的窗口中选择要打开文件的所在位置及文件，如图 3－15 所示。

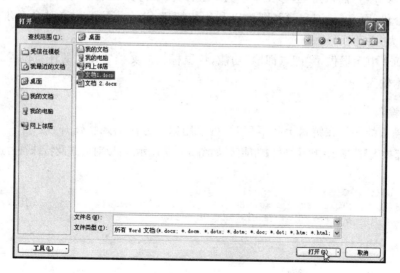

图 3－15　打开 Word 2007 文档操作

（2）在【资源管理器】中找到想要打开的文档，双击文档图标，则会启动 Word 2007 并打开文档。

2. 文档的关闭

关闭 Word 2007 文档除了可以采用与关闭 Word 2007 软件一样的方式外，还可以通过单击【Office 按钮】下的【关闭】命令来进行。

如果文档没有进行保存，或在保存之后又重新进行了修改，这时关闭文档将会弹出一个提示保存的对话框，如图 3-16 所示。

图 3-16　文档保存提示对话框

3.3　文档内容的编辑

3.3.1　文本的录入

1. 文本输入

文本的录入从"插入点"开始，"插入点"即当前活动的 Word 2007 窗口中闪烁的竖形光标，随着文本的输入光标会向右移动，直到达到页面右边距时，"插入点"会自动移至下一行，称为"自动换行"。

若未满一行就想要换行或者想要产生一空行，则可以按键盘上的 Enter 键，这时会产生一个段落标记符（↲），"插入点"会移至下一行，这种方式称为"强制换行"。

若不想分段，而又要另起一行，则可以利用快捷键 Shift＋Enter，这时会产生一个手工换行符（↓），称为"手动换行"。

Word 2007 中还提供了"即点即输"功能，将鼠标指向文档工作区的任意位置并进行双击，即可进行文本输入。

2. 符号输入

如果要输入的符号在键盘上找不到时，可采用以下方法输入特殊符号：

（1）利用【插入】选项卡中的【符号】功能区，如图 3-17 所示，可以对公式及特殊符号进行输入；

图 3-17　【符号】功能区

（2）利用中文输入法提供的软键盘，图 3-18 所示为搜狗拼音输入法提供的软键盘。

图 3-18　搜狗拼音输入法的软键盘

3.3.2　文本的选择

当要对文本中某一部分内容进行编辑时，首先必须选中这一部分文本，被选定的文本呈现高亮状态，这时就可以对文本进行编辑。选定文本的方式主要有两种。

1. 基本选定方式

将鼠标指向欲选定文本的开头，按下左键并拖动经过需要选定的内容，松开左键即完成了对文本的选定，如图 3-19 所示。若要用键盘进行操作，可先将光标移动至欲选定文本的开头，按住 Shift 键，然后将光标移至欲选定内容的结尾，按下左键即可。

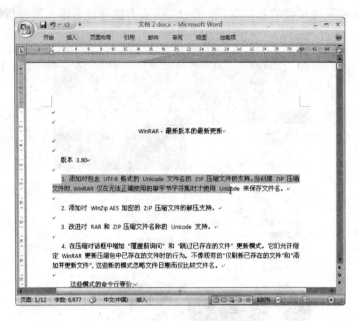

图 3-19　文本内容的选定操作

2. 利用选定区

在 Word 2007 工作区左侧有一向下延伸的长条形空白区域,称为选定区。将鼠标移至选定区时,会发现鼠标箭头指向右上方,如图 3-20 所示。此时,单击鼠标左键会选定一行文本,拖动鼠标时,则会将范围内的所有行均选定。双击鼠标时,会将整段选定。三击时,则会选定整个文本。

图 3-20　利用选定区选定文本内容

3.3.3　文本的插入或删除

1. 文本的插入

想要对已有的文本插入新的内容时,只需将光标移至要插入的地方,输入要插入的内容即可。如果要插入表格、图片等内容,可以利用【插入】选项卡下的功能区来进行操作。

2. 文本的删除

当发现输入错误时,可以通过删除操作将错误信息进行删除处理。删除的方式有多种,按 Backspace 键可以删除左边字符,按 Delete 键可以删除右边字符。如删除内容较多时,可以首先选定要删除的内容,然后执行以下操作:

◆ 按 Backspace 键、Delete 键或"空格"键

◆ 点击【开始】选项卡下【剪贴板】功能区中的【剪切】命令;或者右击鼠标,点击【剪切】命令。

3.3.4　文本的复制或移动

1. 文本的复制

复制文本的操作如下:

(1)选定想要复制的文本内容。

(2)点击【开始】选项卡下【剪贴板】功能区中的【复制】命令,如图 3-21 所示;或者右击鼠标,点击【复制】命令;或者按下快捷键 Ctrl+C。

图 3-21　【剪贴板】功能区

(3)将光标移至想要复制文本的位置。

(4)点击【开始】选项卡下【剪贴板】功能区中的【粘贴】命令;或者右击鼠标,点击【粘贴】命令;或者按下快捷键 Ctrl+V。

2. 文本的移动

移动文本的具体操作与复制文本的操作基本相同,区别在于文本移动时,执行的是【剪切】命令,对应的快捷键为 Ctrl+X。此外,还可以用鼠标将所限定要移动的文本直接拖动到指定的位置,实现文本的移动。

3.3.5　文本的撤销或恢复

1. 文本的撤销

撤销操作可以将之前的一步或多步操作进行撤销,使用时仅需点击或多次点击【快速访问工具栏】上的撤销按钮 或者利用快捷键 Ctrl＋Z,就可以完成一步或多步撤销操作。若想要对某一步操作进行撤销,可以点击撤销按钮右边的下拉箭头来选择要撤销的操作。

2. 文本的恢复

点击或多次点击【快速访问工具栏】上的恢复按钮 或者利用快捷键 Ctrl＋Y,就可以完成一步或多步恢复操作。

3.3.6　文本的查找或替换

1. 文本的查找

在文档编辑过程中,需要对文档内容进行快速定位,可以利用查找功能来实现,具体的操作步骤如下:

(1)点击【开始】选项卡下【编辑】功能区中的【查找】命令 ,弹出【查找和替换】窗口。

(2)在【查找内容】下拉框中输入要查找的内容,点击【查找下一处】按钮,系统会自动查找,并用蓝色高亮背景突出第一个满足条件的内容,如图 3－22 所示。若再次点击【查找下一处】按钮,可以继续向下查找。

(3)当查找的内容在文档内不存在时,系统会弹出一个提示对话框,提醒未找到查找内容,如图 3－23 所示。

2. 文本的替换

在文档编辑过程中,需要对文档多处相同内容进行成批替换时,可以利用替换功能来实现,具体的操作步骤如下:

(1)点击【开始】选项卡下【编辑】功能区中的【查找】命令 ,弹出【查找和替换】窗口。

(2)在【查找内容】下拉框中输入要查找的内容,在【替换为】下拉框中输入要替换的内容,点击【替换】按钮,系统会自动查找到要替换内容的位置,用蓝色高亮背景突出第一个满足条件的内容,再次点击【替换】按钮即进行替换,如图 3－24 所示。若再次点击【替换】按钮,可以继续向下查找并替换。若点击【替换全部】按钮,系统会将文档中满足条件的内容全部进行替换。

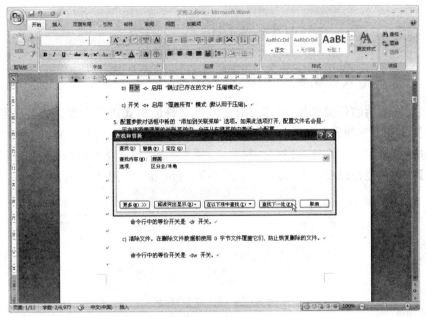

图 3 - 22　文档内容的查找操作

图 3 - 23　查找完毕提示对话框

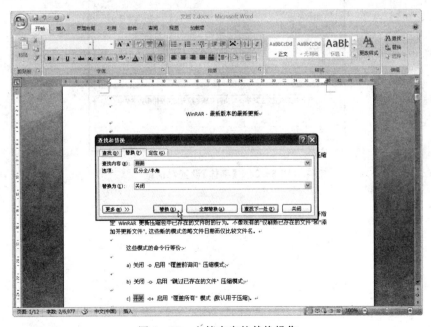

图 3 - 24　文档内容的替换操作

3.4　文档格式的编辑

3.4.1　文本格式的设置

完成了对文本内容的编辑后,还需要对文本中字符的格式进行设置。通过对字体、字形、字号、字体颜色等内容的设置,使文本达到简捷美观、样式工整的目的。Word 2007 提供了三种方式来对字符格式进行设置,分别为:利用点击【开始】选项卡下的【字体】功能区进行设置、利用【字体】对话框进行设置及利用【浮动工具栏】进行设置,如图 3-25、图 3-26 和图 3-27 所示。

图 3-25　【字体】功能区

图 3-26　【字体】设置对话框

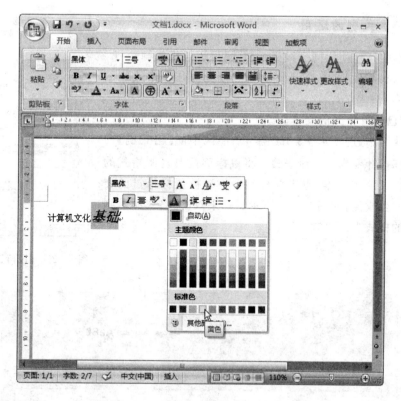

图 3-27　用【浮动工具栏】进行字体设置

3.4.2　段落格式的设置

段落格式的设置是对段落整体布局的设置优化,使文本看起来更加美观。段落设置的方式与文本设置的方式基本一致,主要是利用【开始】选项卡下的【段落】功能区进行设置及利用【段落】对话框进行设置,如图 3-28、3-29 所示。对段落的设置主要包含以下三个方面:

(1)设置对齐方式。段落的对齐方式有 5 种:左对齐、中间对齐、右对齐、两端对齐和分散对齐。

(2)设置段落缩进。段落缩进是指段落边缘与页面边距之间的距离,主要包括 4 种:左缩进、右缩进、首行缩进和悬挂缩进。

(3)设置行间距和段间距。行间距是指行与行之间的距离,段间距指段落之间的距离。调整行间距和段间距可以改变文本排列的疏密程度。

图 3-28　【段落】功能区

3.4.3 格式刷的运用

如果文本中频繁使用同一种格式时,可以通过格式刷来将这种格式复制到其他地方,而不必进行重复的操作。格式刷的使用方法如下:

(1)选定已排好格式的文本。

(2)点击【开始】选项卡下【剪贴板】功能区中的【格式刷】命令,此时,鼠标指针变为一个刷子 ,将鼠标移至要复制格式的位置并拖动鼠标覆盖文本,点击鼠标后会发现被鼠标拖过的文本格式已经发生改变,如图 3 – 30 所示。如果双击【格式刷】,则可以将选择的格式多次复制。

图 3 – 29 【段落】设置对话框

图 3 – 30 利用【格式刷】进行格式复制操作

3.4.4 项目符号与编号的设置

项目符号与编号可以使文本的分类和要点更加清晰直观,便于文本的阅读。Word 2007 提供了强大的项目符号与编号设置,可由系统自动生成,也可由用户自己进行输入。具体的操作如下:

选定要设置项目符号或编号的位置,点击【开始】选项卡下【段落】功能区中的【项目符号】或【编号】按钮,或者利用【浮动工具栏】中的【项目符号】按钮,通过按钮右侧的下拉箭头选择插入的样式,如图 3 – 31 所示。

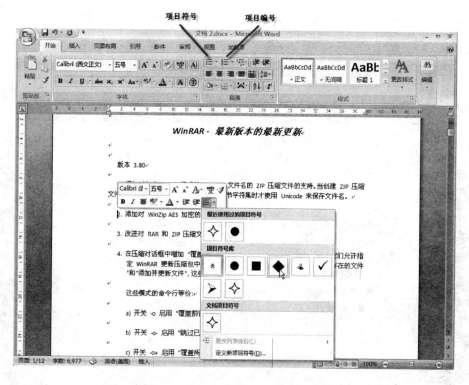

图 3 - 31　项目符号与编号设置操作

　　用户也可以自己对文档的编号进行定义,操作过程为:选定要插入编号的位置,点击【开始】选项卡下【段落】功能区中的【编号】按钮右侧的下拉箭头,或者右击鼠标从弹出的菜单中选择【编号】命令右侧的箭头。点击【定义新编号格式】,弹出【定义新编号格式】窗口,如图 3 - 32 所示。

3.4.5　目录的自动生成

　　当文本较长时,用户在其中查找特定的内容将比较困难,此时可以根据文档中设定的格式生成一个目录,包含各级标题及所在页码,便于用户查找阅读。

　　点击【引用】选项卡下【目录】功能区中的【目录】按钮,会出现【内置】窗口,这时可以看见插入的目录分为"手动表格"和"自动目录"两类,"手动表格"给出目录的形式,具体内容需要自己输入,如图 3 - 33 所示。"自动目录"会根据文档编辑的样式自动生成。

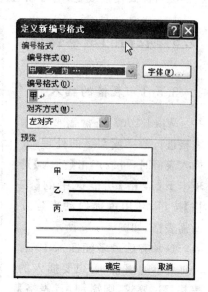

图 3 - 32　新编号格式的定义操作

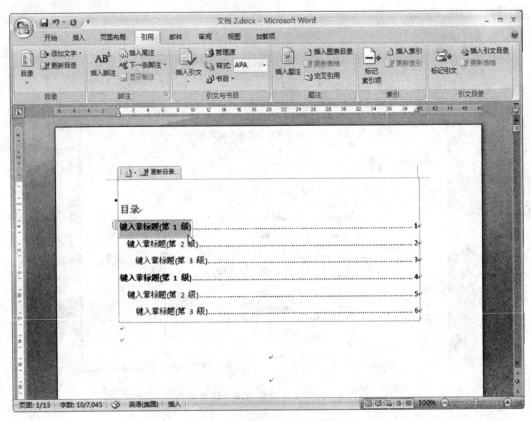

图 3-33　手动建立目录操作

　　如果对系统提供的目录格式不满意,可以点击【内置】窗口下【插入目录】命令,弹出【目录】对话框,如图 3-34 所示。设置目录格式,完成之后点击"确定"即可在文档中插入目录。若文档的编辑样式发生改变,则可以通过点击【更新目录】按钮,自动更新目录。

3.5　表格的基本操作

3.5.1　表格的插入

　　Word 2007 经常需要运用表格进行数字或文字的处理,要插入表格时,可以点击【插入】选项卡下【表格】功能区中的【表格】按钮,利用鼠标拖动来建立所需表格,如图 3-35 所示。

　　这种方法最多能插入 10 行 8 列大小的表格,若想要插入的表格超过要求,则需利用【表格】按钮下的【插入表格】命令,在弹

图 3-34　自动添加目录操作

图 3-35 利用【表格】按钮插入表格

出的【插入表格】对话框中编辑想要的格式,点击"确定"即可建立,如图 3-36 所示。

除了上述方法外,Word 2007 还提供了用户自己绘制表格的功能,点击【表格】按钮下的【绘制表格】命令,鼠标会变为画笔 ✐ 形状,即可在文档中自由绘制所需表格。

当插入表格完成后,此时"选项卡"一栏中会多出【设计】和【布局】两项,用于表格的编辑操作。

图 3-36 利用【插入表格】
命令创建表格

3.5.2 表格内容的输入

在表格的单元格内单击鼠标,此时光标会出现在单元格之内,这时即可在单元格内输入内容,当输入的内容到达单元格的右侧边框时,系统会自动换行。通过键盘的上、下、左、右键可以使光标跳到下一单元格中,Tab 键可以跳入同一行中的下一单元格。

3.5.3 表格的编辑

Word 2007 对表格的编辑操作主要包括以下几个方面:

1. 表格的选择

将鼠标移至左侧选定区,此时鼠标会变为指向右上方的箭头,此时点击鼠标将会选中表格的一行,拖动鼠标会选中多行;将鼠标移至表格的上方,当鼠标变成指向下方的黑色箭头时,点击鼠标可以选中表格的一列,拖动鼠标可以选中多列。将鼠标移至表格中任一单元格左侧边框线上,此时鼠标会变为指向右上的黑色箭头,点击鼠标可以选中此单元格。

若要选中整个表格,则点击表格左上角的【全选】按钮⊕即可。

2.表格的合并

在表格的编辑过程中,可以将表格中若干个单元格合并为一个单元格,将被合并的单元格中的内容写入同一个单元格,具体操作方法为:选中需要合并的若干个单元格,可以点击【布局】选项卡下【合并】功能区中的【合并单元格】按钮(如图 3－37 所示),即可完成单元格的合并。

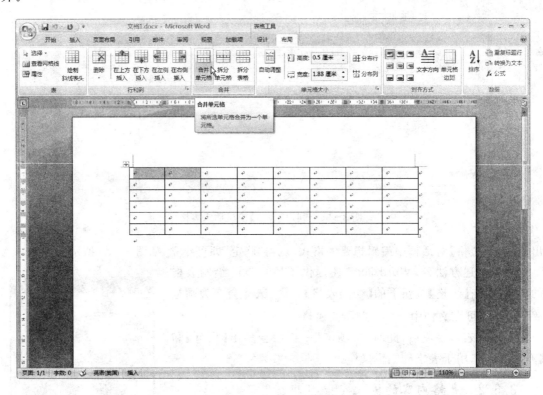

图 3－37　单元格合并操作

3.表格的拆分

表格的拆分过程与表格的合并过程是相反的,若要将一个单元格拆分为若干个单元格,仅需选中要拆分的单元格,点击【合并】功能区中的【拆分单元格】按钮,在弹出的【拆分单元格】窗口中输入要拆分的行数与列数(如图 3－38 所示),点击【确定】即可。

4.表格的插入

若要在表格中插入额外的表格,则需要选定插入的位置,然后在【布局】选项卡下【行和列】功能区中选择要插入的类型,点击相应按钮即可完成操作。

5.表格的删除

在表格中删除掉额外的表格的方法为:选中要删除的表格,点击　图 3－38　单元格拆分操作

【行和列】功能区中的【删除】按钮,在其下拉菜单中选择删除的类型即可,如图 3-39 所示。

3.5.4　表格属性的设置

完成表格的设计工作后,下一步是对表格的属性进行设置,具体方法如下:

(1)点击表格中任一单元格。

(2)点击【布局】选项卡下【表】功能区中的【属性】按钮,将弹出【表格属性】对话框,如图 3-40 所示。

(3)在【表格属性】对话框中分别设置"表格"、"行"、"列"和"单元格"属性,设置完毕后点击【确定】即可。

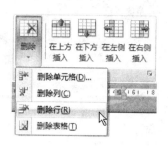

图 3-39　表格删除操作

3.6　对象的插入操作

3.6.1　剪贴画的插入

在文本中插入剪贴画,可以丰富文本的内容,提高修饰的效果,Word 2007 提够了一个丰富的剪贴画库,用户可以自由选择所需剪贴画并插入到文本之中,具体操作如下:

(1)在文本中选择并定位需要插入剪贴画的位置。

(2)点击【插入】选项卡下【插图】功能区中的【剪贴画】按钮,在文档的右侧会出现【剪贴画】任务窗口,如图 3-41 所示。

(3)在【搜索文字】框中输入欲插入剪贴画的关键字,在【搜索范围】框中选择搜索的范围,在【搜索范围】框中选择搜索结果的类型,设置完毕后,点击【搜索】按钮,系统会自动搜索并把满足用户要求的剪贴画显示在下方的剪贴画窗格中。

(4)点击想要插入的剪贴画即可完成插入操作。

图 3-40　表格的属性设置对话框

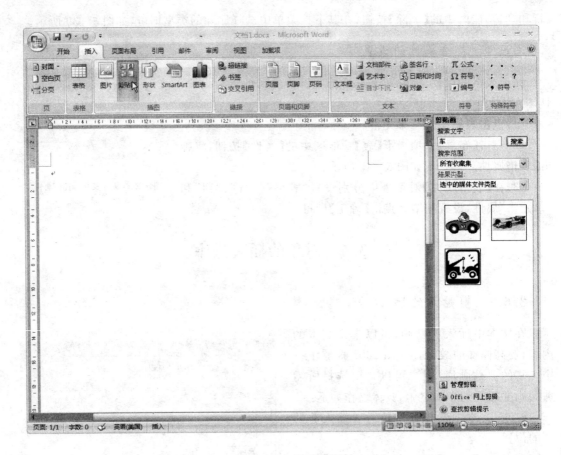

图 3-41　插入剪贴画操作

3.6.2　形状的插入

在 Word 2007 中为用户准备了一些常用的形状,当用户需要在文本中插入形状时,只需点击【插图】功能区中的【形状】按钮,在下拉框中选择自己需要的形状,点击其图标,这时鼠标会变为十字形状,拖动鼠标即可完成形状的插入,如图 3-42 所示。

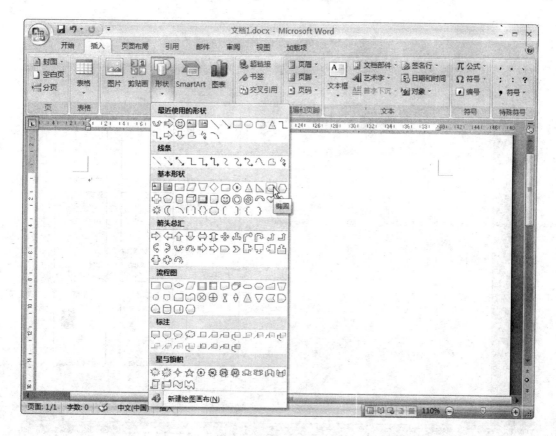

图 3 - 42　插入形状操作

3.6.3　文本框的插入

文本框是用矩形框将文本包围起来的整体，可以放置于文档的任意位置。在文档中插入文本框的步骤如下：

（1）点击【插入】选项卡下【文本】功能区中的【文本框】按钮，在【文本框】下拉菜单的【内置】列表框中选择要插入的文本框样式并点击，此时在文档中会出现此样式的文本框，如图 3 - 43所示。

（2）用鼠标点击插入的文本框，可在里面输入文字。

（3）若【内置】列表框没有想要的样式，则可以点击【文本框】下拉菜单中的【绘制文本框】命令，此时鼠标变为十字形状，拖动鼠标即可画出文本框。

（4）文本框插入完成后，会出现【文本框工具→格式】选项卡，在其功能区中可以对文本框的样式、效果、排列等格式进行设置，如图 3 - 44 所示。

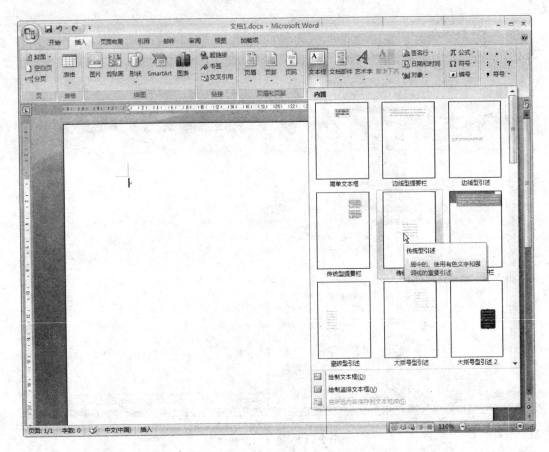

图 3-43　插入文本框操作

图 3-44　文本框属性设置功能区

3.6.4　公式的插入

在有关数学和理工学的文本编辑时,需要处理一些数学公式。采用 Word 2007 提供的公式编辑工具可以方便地完成这一任务。具体的操作步骤如下:

(1)选择要插入公式的位置。

(2)点击【插入】选项卡下【符号】功能区中的【公式】按钮,在下拉菜单的【内置】列表框中给出了一些常用的公式形式,若没有需要的公式形式,则点击【插入新公式】命令。

(3)此时系统会自动跳转到【公式工具】→【设计】选项卡,在其功能区中给出了常用的符号和结构,用户可以利用这些工具来建立自己想要的公式,如图 3-45 所示。

图 3-45　公式设计功能区

3.6.5　页眉或页脚的插入

页眉和页脚位于文档的顶部和底部,用来提供一些特殊的信息,如日期、时间等。其设置方法为:点击【插入】选项卡下【页眉和页脚】功能区中的【页眉】按钮(或【页脚】按钮),在下拉菜单的【内置】列表框中系统给出了一些页眉(页脚)的格式,若要自己进行页眉(页脚)的编辑,则点击【编辑页眉】(【编辑页眉】)命令,系统会自动跳转到【页眉和页脚工具→设计】选项卡,以供用户设计页眉(页脚),如图 3-46 所示。

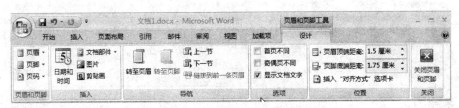

图 3-46　页眉页脚设计功能区

3.6.6　页码的插入

在【插入】选项卡下【页眉和页脚】功能区中,点击【页码】按钮,在其下拉列表中选择页码插入的位置,点击即可为文档插入页码,如图 3-47 所示。此外,可以利用【设置页码格式】命令来设计页码的形式。

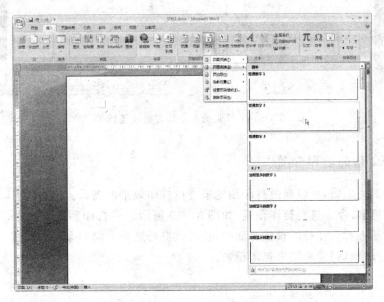

图 3-47　插入页码操作

3.7　文档的打印

3.7.1　纸张大小和方向的设置

对文档的编辑完成后,在打印之前,首先要设置纸张的大小和方向。其设置方法如下:

(1)在【页面布局】选项卡下【页面设置】功能区中,可以看到【纸张方向】和【纸张大小】两个按钮。

(2)点击【纸张方向】按钮,其下拉列表中出现"纵向"和"横向"两种方式可以进行选择。系统默认为纵向。

(3)点击【纸张大小】按钮,其下拉列表中出现不同大小格式的纸张供用户进行选择,如图3-48所示,根据打印要求选择合适纸张,系统会自动将文档进行调整以符合要求。

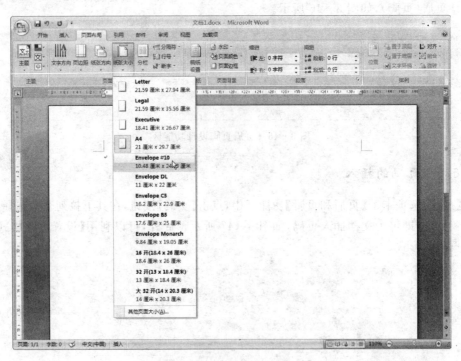

图3-48　纸张的大小和方向设置操作

3.7.2　文档的打印预览

当页面设置完成后,可以通过打印预览来进行打印效果的查看。单击【Office 按钮】→【打印】→【打印预览】命令来进行打印预览,如图3-49所示。在打印预览界面中,用户可以调整显示大小以方便查看。在打印预览界面中,也可以进行纸张方向和大小的调整。预览结束后,可通过【关闭打印预览】命令结束打印预览。

图 3 - 49　打印预览效果图界面

3.7.3　文档的打印

设置好文档格式后,即可进行文档的打印。Word 2007 提供了"打印"和"快速打印"两种方式进行文档的打印,"快速打印"不对文档进行任何设置,直接将文档送到打印机进行打印。"打印"可以设置打印参数,在【打印】对话框中进行打印机、打印内容和打印份数等内容的设置,如图 3 - 50 所示。

文档打印的具体操作为:单击【Office 按钮】→【打印】,通过选择【打印】和【快速打印】命令来进行打印。

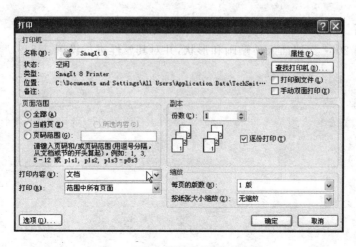

图 3 - 50　打印属性设置对话框

本章小结

本章系统详细的介绍了 Word 2007 的各项基本功能,主要内容包括 Word 2007 的基本操作、文本的编辑、版面格式的设置、表格处理、对象的插入等功能。通过学习本章内容,用户可以对 Word 2007 有一个大致的了解,实现基本的应用,并应当通过实际的上机操作来熟练掌握 Word 2007。

上机与习题

一、填空题

(1)Word 2007 窗口主要由 6 个部分组成,分别为:_____、_____、_____、_____、_____、_____。

(2)将鼠标指向当前活动的选项卡并双击,这时功能区会_____。

(3)文本的录入从"_____"开始。

(4)段落的对齐方式有 5 种:_____、_____、_____、_____、_____。

(5)如果文本中频繁使用同一种格式时,可以通过_____来将这种格式复制到其他地方。

(6)插入的目录分为"_____"和"_____"两类。

(7)表格操作中,利用键盘_____键可以跳入同一行中的下一单元格。

(8)文本框是用_____将文本包围起来的整体,可以放置于文档的_____。

(9)当页面设置完成后,可以通过_____来进行打印效果的查看。

(10)在默认情况下,【快速访问工具栏】仅有 3 个命令按钮,分别为_____、_____、_____。

二、简答题

(1)功能区的作用是什么?

(2)文本选择的方法有哪些?

(3)文档的打印方式有哪几种? 有何不同?

三、实践题

(1)新建一个 Word 2007 文档,并利用不同的方式打开和关闭它。

(2)在 Word 2007 文档插入剪贴画和形状,并对其属性进行设置。

第4章

Excel 2007 电子表格处理软件

Excel 2007 是 Microsoft 公司推出的 Office 2007 套件中的电子表格处理软件,它具有强大的数据组织、计算、分析和处理功能,能对处理结果进行形象地表示,其强大的表格处理功能将给用户带来极大的便利。Excel 2007 与 Word 2007 类似,相比之前版本拥有一个全新的用户界面,能够让用户轻松的利用其命令按钮完成各类操作。

4.1 Excel 2007 概述

4.1.1 Excel 2007 的启动与退出

Excel 2007 启动与退出的方式与 Word 2007 一致,具体方式请参照 Word 2007 的打开方式。

4.1.2 Excel 2007 的界面介绍

启动 Excel 2007,可以看到其全新的界面,如图 4-1 所示,Word 2007 窗口主要由 7 个部分组成,分别为:标题栏、选项卡、功能区、编辑栏、行标和列标、工作区、状态栏,如图 4-1 所示。其中有一些部分与 Word 2007 类似,这里不再重复介绍。

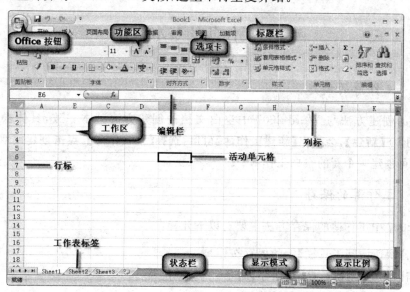

图 4-1 Excel 2007 操作界面

1. 编辑栏

编辑栏主要用来编辑显示当前活动单元格的内容。主要由名称栏、按钮组和编辑栏三部分组成。其中名称栏显示当前活动单元格;按钮组在对活动单元格进行编辑时,提供【取消】、【确认】、【插入函数】三个操作按钮;编辑栏显示当前活动单元格的内容,可直接在编辑栏中对其进行修改。

2. 工作区

工作区为一个巨大的表格,占据整个界面中最大的区域,主要用来记录数据。

3. 工作表标签

工作表标签显示所有的工作表,点击相应的工作表标签将激活相应的工作表。工作表标签中的按钮提供了新建工作表的功能。

4.1.3　工作簿、工作表及单元格

工作簿是用来处理和存储工作表数据的文件,其扩展名为.xlsx。在第一次启动 Excel 2007 时,系统会自动创建一个名为 Book1 的工作簿。工作簿可以包含多张工作表,用户可以通过【工作表标签】来自由添加、删除和重命名工作表。

工作表是工作簿的重要组成部分,主要用来处理和存储数据。工作表是一个由多个单元格组成的大型表格,用户不必对其大小进行定义,在使用时系统会根据用户的要求自动调整大小。正在使用的工作表称为活动工作表,将在【工作表标签】中显示出来。

单元格是工作表的基本组成,也是 Excel 2007 的基本工作单位。每一个单元格都是工作表中一行与一列的交叉,单元格的编号即为所在的行和列的位置,称为单元格的地址或引用。当用鼠标点击某个单元格时,此单元格会成为活动单元格,其边框将加粗显示,其所在的行标和列标也将突出显示。

4.2　工作簿的基本操作

4.2.1　工作簿的创建

工作簿的创建方法与 Word 2007 中空白文档的创建方法基本一致,具体操作为:单击【Office 按钮】→【新建】,会弹出【新建工作簿】窗口,选择【空工作簿】,点击创建或双击【空工作簿】图标,即可创建一个新的空白工作簿。

4.2.2　工作簿的保存

Excel 2007 中工作簿的保存方法主要有以下几种:

◆ 单击【快速访问工具栏】上的保存按钮。

◆ 单击【Office 按钮】,点击【保存】命令。

◆ 利用快捷键 Ctrl+S 或 Shift+F12

利用上述方法对编辑的文档进行保存时,若是第一次进行保存,则会弹出【另存为】窗口,

用于指定文档保存的位置、类型以及文件名。

在 Excel 2007 中,与 Word 2007 一样,提供了"自动保存"的功能,具体的操作方式请查看 Word 2007 相关内容。

4.2.3　工作薄的打开

打开一个 Excel 2007 工作薄有多种方式,常见的有以下两种:

◆ 单击【Office 按钮】,点击【打开】命令,在弹出的窗口中选择要打开工作薄的所在位置及工作薄。

◆ 在【资源管理器】中找到想要打开的工作薄,双击工作薄图标,则会启动 Excel 2007 并打开工作薄。

4.2.4　工作薄的关闭

关闭 Excel 2007 工作薄除了可以采用与关闭 Excel 2007 软件一样的方式外,还可以通过单击【Office 按钮】下的【关闭】命令来进行。

如果工作薄没有进行过保存,或在保存之后又重新进行了修改,这时关闭文档将会弹出一个提示保存的对话框,提醒用户是否进行保存。

4.3　工作表的基本操作

4.3.1　工作表的选择

在对工作薄中的工作表进行编辑时,首先必须选中工作表。对工作表的选择需利用【工作表标签】,在工作表标签中点击相应工作表即可将其选中。若要同时选中多个工作表,则需按住键盘 Ctrl 键,然后点击要选择的工作表即可。

4.3.2　工作表的插入或删除

1. 工作表的插入

当需要往工作薄中插入新的工作表时,有以下两种操作方式:

(1)点击【工作表标签】中的【插入工作表】按钮,新的工作表标签将出现在已有工作表标签的右侧。

(2)将鼠标指针指向某工作表标签并右击,从弹出的菜单中选择【插入】命令,在弹出的【插入】窗口中选择【工作表】并确定,如图 4 - 2 所示,新的工作表标签将出现在选定的工作表标签的左侧。

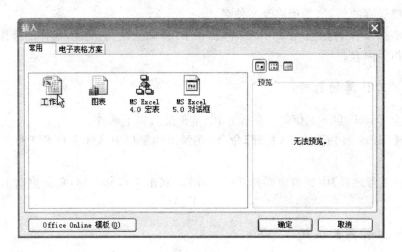

图 4-2　插入新的工作表操作

2. 工作表的删除

将现有的工作表从工作薄中永久删除的方法为：将鼠标指针指向想要删除的工作表标签并右击，从弹出的菜单中选择【删除】命令，则所选工作表将在工作薄中删除，如图 4-3 所示。

图 4-3　删除现有工作表操作

4.3.3　工作表的移动或复制

工作表的移动指的是将工作表的位置在工作薄中进行重新排列，具体操作方法为：将鼠标指针指向要移动的工作表标签并拖动鼠标，此时在工作表标签上方会出现一个向下的黑色三角来指示拖动的位置，当到达自己需要的位置时，释放鼠标即可。

工作表的复制指的是在工作薄创建工作表的副本，具体操作方法为：将鼠标指针指向要复制的工作表标签，按住键盘 Ctrl 键并拖动鼠标至需要的位置时，释放鼠标即可。

除上述方法外,还可以将鼠标指针指向某工作表标签并右击,从弹出的菜单中选择【移动或复制工作表】命令,在弹出的【移动或复制工作表】窗口中对工作表进行移动或复制操作,如图 4-4 所示。

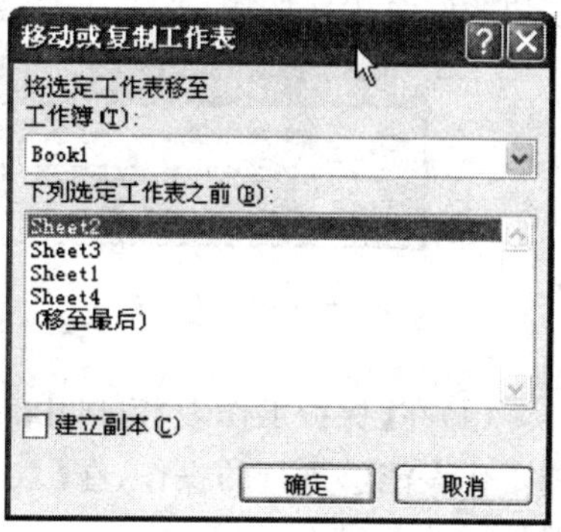

4.3.4 工作表的重命名

对工作表重命名的方法主要有以下几种:

◆ 将鼠标指针指向要重命名的工作表标签并双击,此时工作表名称变为黑色背景,直接输入新的工作表名称并按键盘 Enter 键即可。

图 4-4 移动或复制工作表操作

◆ 将鼠标指针指向要重命名的工作表标签并右击,从弹出的菜单中选择【重命名】命令。

◆ 点击【开始】选项卡下【单元格】功能区中的【格式】按钮,在下拉菜单的【组织工作表】框选择【重命名工作表】,如图 4-5 所示。

图 4-5 重命名工作表操作

4.3.5 工作表的保护

为了防止他人对工作表中的重要数据进行修改,Excel 2007 提供了设置保护工作表的功能,具体的操作步骤如下:

(1)选定待保护的工作表。

(2)点击【审阅】选项卡下【更改】功能区中的【保护工作表】按钮,这时会弹出【保护工作表】窗口,如图 4-6 所示。

(3)点击确定后,会发现工作表已经被保护起来,这时大部

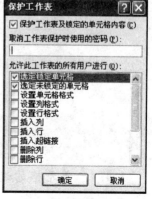

图 4-6 工作表保护设置

分功能区将不能使用,对工作表内容的操作将不被允许,如图 4 - 7 所示。

图 4 - 7　工作表保护提示对话框

(4)在【保护工作表】窗口中,在【允许此工作表的所有用户进行】文本框中可以添加对保护的工作表能够进行的操作,在【取消工作表保护时使用的密码】文本框中可以添加撤销工作表保护时的密码。

(5)在确定对工作表进行保护后,会发现【更改】功能区中的【保护工作表】按钮变为【撤销工作表保护】按钮。若要撤销对工作表的保护,只需点击此按钮即可,若设置密码,则需输入正确密码,如图 4 - 8 所示。

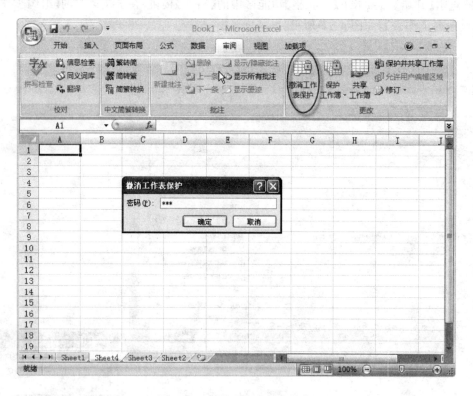

图 4 - 8　撤销工作表保护操作

4.4　单元格的基本操作

4.4.1　单元格的选择

单元格是 Excel 2007 的基本工作单位,在对单元格进行处理时,首先必须选中单元格,称为单元格激活。

在 Excel 2007 工作表的工作区中,鼠标指针呈现为一个白色空心的十字✚,将鼠标指向单元格并点击左键,即可将此单元格选定,此时单元格边框加黑加粗。将鼠标移至当前活动单元格的右下方边框的黑点上时,鼠标指针会变为一个黑色实心的十字,这时拖动鼠标可以选择多行或多列单元格。

若想要选中一行或一列中所有的单元格,只需将鼠标指针移至行标或列标栏上相应的位置,这时鼠标指针会变为向右或向下的黑色实心箭头,点击鼠标即可选中一行或一列。拖动鼠标,可以选中多行或多列。

按住键盘 Ctrl 键,点击工作区中任一位置的单元格,则可以将这些不连续的单元格同时选中。选中一单元格后,按住 Shift 键,点击另一单元格,则可以将在这两个单元格区域中的所有单元格全部选中。

行标和列标栏交叉处的▨按钮提供了选中整个工作区中全部单元格的功能,使用时仅需点击此按钮即可。

4.4.2 单元格的插入或删除

1. 单元格的插入

若要在选中的单元格旁边添加一个单元格,只需点击【开始】选项卡下【插入】功能区中的【插入】按钮,在下拉菜单中选择【插入单元格】,在跳出的【插入】窗口中选择插入样式,点击【确定】即可。在工作表中插入新的单元格后,其他单元格的位置会自动调整。

2. 单元格的删除

对于工作表中不需要的单元格,可以进行删除,具体方法为:点击【开始】选项卡下【插入】功能区中的【删除】按钮,在下拉菜单中选择【删除单元格】,在跳出的【删除】窗口中选择删除样式,点击【确定】即可。利用点击鼠标右键弹出菜单中的【删除】命令同样可以完成上述操作。

4.4.3 单元格的合并

合并单元格是把几个连续的单元格合并为一个单元格,在【开始】选项卡下【对齐方式】功能区中的【合并后居中】按钮提供了此功能。点击【合并后居中】按钮右侧的向下三角箭头,会看见其下拉菜单中给出了几种合并方式,如图 4 - 9 所示。

合并方式的含义如下:

(1)合并后居中:将若干单元格合并为一个单元格,合并后单元格的内容自动居中,合并前多个单元格中的内容在合并后仅保留左上角单元格里的内容。

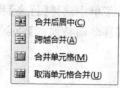

(2)跨越合并:将选中的若干单元格按行进行合并,每一行合并为一个单元格,单元格中仅保留每一行最左侧单元格里的内容。

图 4 - 9 单元格合并样式菜单

(3)合并单元格:将若干单元格合并为一个单元格,内容仅保留左上角单元格里的内容。

(4)取消单元格合并:将合并后的单元格拆分为未合并时的样子,但拆分后内容不能复原,仅保留左上角单元格里的内容。

4.4.4 单元格格式的设置

1. 字符格式的设置

单元格中字符设置的格式与 Word 2007 中字符格式的设置基本相同,具体请参照 Word 2007 中"文本格式的设置"一节。

2. 数字格式的设置

Excel 2007 为用户提供了多种数字格式,并对其进行了分类,以便用户的运用。利用【开始】选项卡下【数字】功能区可以快速设置各类数字格式。【数字】功能区提供了下列功能按钮:

◆ 会计数字格式:在原数字前增加货币符号。
◆ 百分比样式:原数字乘以 100,并在数字后增加"%"。
◆ 千位分隔样式:原数字中加入千位分隔符。
◆ 增加小数位数:原数字小数位增加一位。
◆ 减少小数位数:原数字小数位减少一位。

若要将数字设置为其他格式,可以在【常规】框下拉菜单中进行选择。

3. 对齐方式的设置

默认条件下,系统会自动将文本靠左对齐、数字靠右对齐,用户对对齐方式进行更改,具体由【对齐方式】功能区来实现。在【对齐方式】功能区上可以看见系统提供了六种对齐方式:顶端对齐、垂直对齐、底端对齐、文本左对齐、居中、文本右对齐,如图 4 - 10 所示,用户可以根据需要进行调整。

4.4.5 行高或列宽的设置

在 Excel 2007 的工作表中,系统为每一行和每一列设定了相同的行高和列宽。在实际使用时,用户可能需要通过调整行高和列宽来使单元格能够适应输入的需求。调整行高和列宽的方式主要有两种,一种是利用将鼠标指针指向行标题或列标题中间的分隔线上,这时鼠标变为双向箭头的形状,拖动鼠标即可改变行高或列宽;二是利用【单元格】功能区下的【格式】按钮,在

图 4 - 10 文本对齐方式选项

其下拉菜单中选择【行高】和【列宽】命令,在弹出的对话框中进行调整。若选择【自动调整行高】和【自动调整列宽】命令,系统会根据单元格的内容对行高和列宽自动进行调整。

4.5 数据的基本操作

4.5.1 手工数据的录入

1. 数据的输入

在工作表的单元格中输入数据的方式主要有三种,具体操作如下:

◆ 双击单元格,单元格中出现闪烁的光标,此时输入数据按 Enter 键即可。

◆ 单击单元格,当单元格被激活后,直接输入数据,此时单元格将出现输入的数据。此方法适合用新的输入代替原有的内容。

◆ 单击单元格,在编辑栏中输入数据,可以看到单元格中出现输入的数据。

2. 特殊数据的输入

当在单元格中输入数字"0581"或"1/2"时,点击确定后,会发现文本框中显示为"581"和"1月 2 日",对于这类特殊数字,Excel 2007 对其输入有如下规定:

* 对于"0581"这类数字的处理方式为:在输入时应当在数字前添加"'"(单引号),即输入"'0581",这时单元格中显示为"0581"。

* 对于"1/2"这类分数的处理方式为:在输入时应当在数字前添加"0 和空格",即输入"0 1/2",这时单元格中显示为"1/2"。

3. 日期和时间的输入

按住 Ctrl+;(分号),这时会在单元格中输入当前系统日期;按住 Ctrl+Shift+;(分号),这时会在单元格中输入当前系统时间。

4.5.2　数据的自动填充

有时用户需要输入大量重复或者有规律的数据,利用手动输入浪费时间、耗费精力,为此,Excel 2007 提供了数据自动填充的功能。数据的自动填充主要靠填充柄来实现,当单元格被选中时,其边框的右下角将出现一个加粗的黑点,当鼠标指针指向这里时将变为黑色实心的十字,如图 4-11 所示。

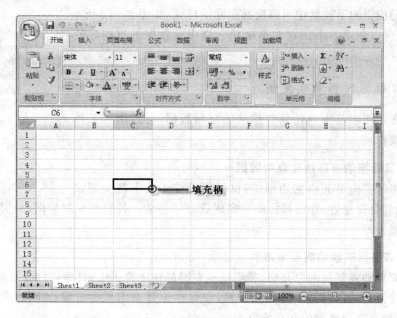

图 4-11　填充柄示意图

1．重复数据的自动填充

使用填充柄可以方便地对重复的数据进行填充,其实质是对单元格内容的复制,具体操作为:选中要进行复制的单元格,将鼠标指针指向填充柄,当指针变为黑色实心十字时拖动鼠标,释放鼠标后,被鼠标拖过的单元格将被填充。

2．序列的自动填充

填充柄不仅可以快速复制数据,还可以对有规律的序列进行自动填充,具体操作方法如下:

(1)在第一个单元格中输入序列的第一个数字,在第二个单元格中输入序列的第二个数。

(2)选中填入数据的两个单元格。

(3)将鼠标指针指向填充柄,当指针变为黑色实心十字时拖动鼠标,释放鼠标后,被鼠标拖过的单元格将自动填充序列。

在拖动填充柄后,会在其右下角出现【自动填充选项】按钮,点击选项可以在其下拉菜单中选择填充的方式。

4.5.3　数据的修改或清除

1．数据的修改

数据的修改方式与数据的输入方式基本一致,具体方法见"数据的录入"一节

2．数据的删除

利用【开始】选项卡下【数字】功能区的【清除】按钮,可以快速地对单元格中的数据进行删除。在【清除】按钮的下拉框中可以选择删除的样式,如图 4-12 所示。

此外,还可以利用 Delete 键对选中单元格中的数据进行删除处理。

图 4-12　数据清除菜单

4.5.4　数据的移动或复制

若想要在工作表范围内任意的移动或复制数据,可以用以下两种方式进行操作:

1．利用鼠标拖动来移动或复制数据

将鼠标指针指向单元格的边框,当鼠标指着变为十字箭头形状时,拖动鼠标到目标位置,释放鼠标即可完成数据的移动。若想要复制数据,只需按住 Ctrl 键在进行上述操作即可。

2．利用剪贴板来移动或复制数据

选中想要移动或复制的单元格,利用鼠标右键的快捷菜单中的【剪切】或【复制】命令,或利用【剪切板】功能区的【剪切】或【复制】按钮,在目标位置点击鼠标右键,在弹出的菜单中选择【粘贴】命令,即可完成数据的移动或复制

4.5.5　数据的查找

点击【开始】选项卡下【编辑】功能区的【查找和选择】按钮,在其下拉菜单中点击【查找】命

令,在弹出的【查找和替换】窗口中的【查找】文本框中输入要查找的关键字,如图 4 - 13 所示,点击【查找下一个】按钮即可。若点击【查找全部】按钮,则会看见在窗口下方出现一个列表框,给出了所有满足条件的搜索结果。

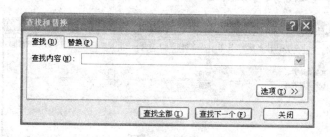

图 4 - 13　数据内容查找对话框

4.5.6　数据的排序

排序是对输入数据按照一定规律进行排列,有"升序"和"降序"两种方式,升序为数据由小到大排列,降序为数据由大到小排列。在默认情况下,系统会根据数据输入的先后来排列。Excel 2007 提供了对一列或多列数据进行排序的方法,当以一列数据为排序依据时,称为简单排序;当以多列数据为排序依据时,称为复杂排序。具体操作如下:

1. 简单排序

选中作为排序依据一列中的任一单元格,点击【开始】选项卡下【编辑】功能区的【排序和筛选】按钮,在其下拉菜单中选择【升序】或【降序】命令即可自动完成数据的排序,如图 4 - 14 所示。

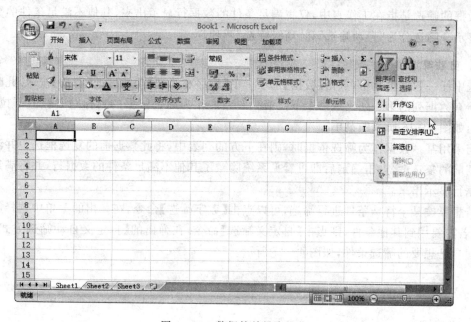

图 4 - 14　数据简单排序操作

2. 复杂排序

选中工作表中的某一单元格,点击【数据】选项卡下【排序和筛选】功能区的【排序】按钮,此时会弹出【排序】窗口,如图 4 - 15 所示。

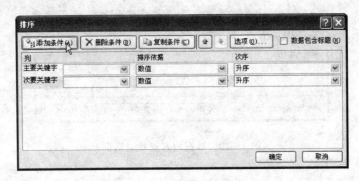

图 4 - 15　数据复杂排序设置对话框

在【排序】窗口中,我们可以看到【主要关键字】下拉列表框,点击【添加条件】按钮后在【主要关键字】下方会出现【次要关键字】下拉列表框。主要关键字是排序的主要对象,当主要关键字相同时,则会按照次要关键字进行排序。

设置完关键字后,在【排序依据】下拉列表框中选择排序的依据,主要有数值、单元格颜色、字体颜色和单元格图标等方式。在【次序】下拉列表框选择排序的形式,升序或降序。完毕后,点击确定即可。

4.5.7　数据的筛选

数据的筛选是指在工作表中,仅将满足条件的数据行显示出来,其他不满足条件的数据行不予显示。筛选分为"自动筛选"和"高级筛选"两种。

1. 自动筛选

选中任一数据单元格,点击【数据】选项卡下【排序和筛选】功能区的【筛选】按钮,此时工作表中所有数据列的第一列出现一个下拉箭头。点击作为筛选依据的列标题右侧的下拉箭头,会弹出如图 4 - 16 所示的菜单。

当采用某一数据作为筛选依据时,则在下方的列表中,将此数据前的复选框选中并清除其他数据前的复选框,点击确定后即可看见系统隐藏了其他不满足条件的数据行,并将满足条件的数据行显示出来。

若想要按某个特殊条件进行筛选,可以点击【数字筛选】命令,在弹出的菜单中选择筛选的条件,若需要用到其他条件,则点击【自定义筛选】命令,在弹出的【自定义自动筛选方式】窗口中创建自己想要的筛选条件,如图 4 - 17 所示。

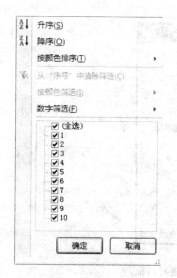

图 4 - 16　数据筛选设置菜单　　　　　　图 4 - 17　数据筛选条件设置菜单

2. 高级筛选

高级筛选能够保留原工作表数据显示,并将筛选结果在工作表的其他位置进行显示。在使用高级筛选时,首先必须在工作表中建立筛选条件区域,用来指定筛选时所满足的条件。条件区域的书写规则如下:

◆ 第一行输入筛选条件的标题名,必须与数据列中的标题名一致。

◆ 每一个条件的标题与筛选条件写在同一列的不同单元格内。

◆ 多个条件时,筛选条件写在同一行的表示关系"与";筛选条件在不同行的表示关系"或"。

设置好条件区域后,点击【排序和筛选】功能区的【高级】按钮,此时弹出【高级筛选】对话框,如图 4 - 18 所示。

选择【将筛选结果复制到其他位置】命令,设置筛选的列表区域、条件区域和复制到的位置,具体方法为:点击右侧 按钮,在工作表中用鼠标拖动选定区域即可。当设置完毕后,点击【确定】按钮,系统会自动完成筛选工作并将结果显示在【复制到】命令设置的位置。

4.5.8　数据的分类汇总

分类汇总指的是将工作表中的某个关键字段进行分类,相同的分为一类,然后对各类进行汇总。进行分类汇总前必须对数据进行排序。分类汇总的具体操作为:点击【数据】选项卡下【分级显示】功能区的【分类汇总】按钮,在弹出的【分类汇总】对话框中选择要进行分类汇总的分类字段、汇总方式、汇总项及其他条件,完毕后点击确定即可。若要删除汇总,只需在【分类汇总】对话框中点击【全部删除】命令,即可删除已建立的所有汇总,如图 4 - 19 所示。

图 4 - 18　高级筛选设置对话框

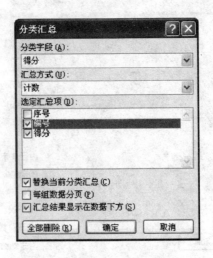

图 4-19　数据分类汇总设置对话框

4.6　图表的操作

4.6.1　图表的创建

图表是指用图形的方式来反映工作表中的数据,使对工作表数据的观察更加直观方便。Excel 2007 能够方便的为工作表中的数据创建多种格式图表,具体操作方法如下:

(1)选择想要用图表来反映的数据列。

(2)在【插入】选项卡下【图表】功能区中,选择想要使用的图表类型,并在下拉菜单中选择具体的样式,如图 4-20 所示,此时,工作表将插入选择的图表。

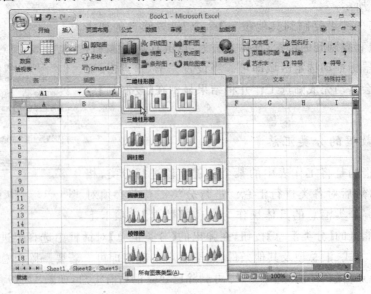

图 4-20　图表创建操作

4.6.2　图表的编辑

当向工作表插入图表后,会发现选项卡栏多出了【图表工具】栏,其主要功能是用来对图表进行编辑。

1. 对图表设计的编辑

对图表设计的编辑主要由【图表工具】栏下的【设计】选项卡来完成,如图 4-21 所示。

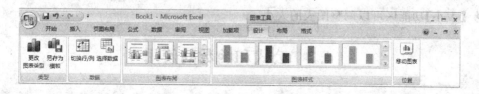

图 4-21　图表设计设置功能区

各部分的功能如下:

◆【类型】功能区可以对图表的类型进行更改,同时可以将图表保存为模板。

◆【数据】功能区可以对图表反映的数据列进行更改。

◆【图表布局】功能区可以改变图表的显示布局。

◆【图表样式】功能区可以改变图表的显示样式。

◆【位置】功能区可以将图表在工作表之间进行移动。

2. 对图表布局的编辑

对图表布局的编辑主要由【图表工具】栏下的【布局】选项卡来完成,如图 4-22 所示。

图 4-22　图表布局设置功能区

图表布局设置功能区各部分的功能如下:

◆【当前所选内容】功能区可以修改图表的格式。

◆【标签】功能区可以为图表添加标题、坐标轴标题、图例等内容。

◆【坐标轴】功能区可以为图表提供不同样式的坐标轴,添加网络线等。

◆【分析】功能区可以在图表中添加各类对数据的分析曲线。

3. 对图表格式的编辑

对图表格式的编辑主要由【图表工具】栏下的【格式】选项卡来完成,如图 4-23 所示。

图表格式设置功能区各部分的功能如下:

◆【形状样式】功能区用于对图表的样式、填充颜色及边框等内容进行设置。

◆【艺术字样式】功能区可以对图表中的文字应用艺术字的效果。

◆【排列】功能区对图表的排列方式进行更改。

图 4 - 23　图表格式设置功能区

◆【大小】功能区可以调整图表的大小。

4.7　公式和函数的使用

4.7.1　公式的使用

在 Excel 2007 工作表的单元格中,除了可以输入数据、文本等内容外,还可以输入公式。公式是对工作表中的数据进行运算的等式,利用已知的数值来计算新的数值,当工作表中原有数值发生改变时,公式的值也会发生改变。公式的输入必须以等号(=)为开头,后面接一个由函数、运算符或常量等组成的表达式。在单元格中输入公式与输入数据的方式是相同的,可以在单元格中直接进行输入,也可以借助编辑栏进行输入。当输入完毕后,系统会自动计算公式的值,将鼠标指向并选中单元格时,公式将在编辑栏上显示出来。

公式的运算符由以下四种运算符构成:

◆ 算术运算符:加(+)、减(-)、乘(*)、除(/)、指数(ˆ)、百分比(%)。

◆ 关系运算符:等于(=)、小于(<)、大于(>)、小于等于(≤)、大于等于(≥)、不等于(<>)。

◆ 文本运算符:&(将两个文本连接成一个连续的文本)。

◆ 引用运算符:冒号(:),标识两个单元格在内的整个矩形区域;

　　　　　　　逗号(,),标识逗号两边的两个单元格;

　　　　　　　空格,标识两个区域中交叉的单元格。

4.7.2　函数的使用

在 Excel 2007 中,预先定义了用于执行计算、分析等功能的特殊公式,即为函数。Excel 2007 内置函数达 300 多种,在公式中使用这些函数,将帮助用户更加轻松的解决复杂问题。

函数由函数名和参数两部分组成,其中函数名决定了函数解决的计算类型,参数是函数的运算对象。函数的参数必须写在括号内。

在单元格中输入公式的方法如下:

(1)选中需要插入函数的单元格,点击【公式】选项卡下【函数库】功能区中的【插入函数】按钮,此时弹出【插入函数】对话框,如图 4 - 24 所示。

(2)在【选择类别】下拉列表框中选择要使用函数的类别,在【选择函数】列表框中选择具体使用的函数。

(3)若不知道使用函数的类别及名称,可以在【搜索函数】文本框中输入一条简短说明来描

述您想做什么,然后点击【转到】按钮,这时系
统会自动进行函数的搜索。

(4)当选择完使用函数后,点击【确定】按
钮,这时会跳转到【函数参数】窗口,如图 4 -
25 所示。

(5)在【Number1】文本框中输入要计算的
单元格坐标,或者利用右侧 按钮进行单元格
的选择,当输入完毕后,点击【确定】即可。

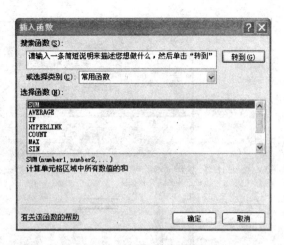

图 4 - 24　插入函数操作

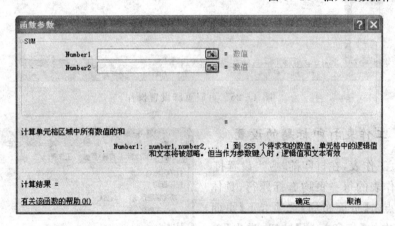

图 4 - 25　函数参数设置对话框

4.8　工作表的打印

4.8.1　页眉或页脚的设置

Excel 2007 中页眉或页脚的设置方法为:选中要设置的工作表,点击【插入】选项卡下【文
本】功能区中的【页眉和页脚】按钮。此时,页面的顶部和底部会出现页眉和页脚的编辑区,输
入页眉和页脚的内容即可,如图 4 - 26 所示。

4.8.2　工作表打印区域的设置

工作表在打印时,可以选择对工作表的一部分区域进行打印,而不需要打印整张工作表。
系统默认打印整张工作表,设置工作表打印区域的方法为:选择要进行打印的工作表区域,点
击【页面布局】选项卡下【页面设置】功能区中的【打印区域】按钮,在下拉菜单中选择【设置打印
区域】命令,完成后将看见打印区域被虚线框包围。

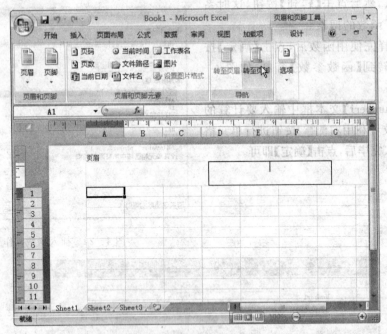

图 4 - 26　页眉页脚设置操作

4.8.3　工作表打印标题的设置

对于多页工作表,在打印前,应当设置打印标题,使工作表的每一页均有标题行,具体操作方法为:点击【页面布局】选项卡下【页面设置】功能区中的【打印标题】按钮,弹出【页面设置】窗口,如图 4 - 27 所示。在其【工作表】选项中,点击【顶端标题行】或【左端标题行】文本框的右侧 按钮,并在工作表中选择作为标题的行或列后,返回确定即可。

4.8.4　页面的设置

在对工作表进行打印前,应对工作表的页面进行设置,如纸张大小、纸张方向及页边距等。具体设置时只需利用【页面布局】选项卡下【页面设置】功能区,点击相应的按钮即可,如图 4 - 28 所示。

图 4 - 27　打印标题设置界面

图 4 - 28　页面设置按钮

4.8.5　打印预览

当页面设置完成后,可以通过打印预览来进行打印效果的查看。单击【Office 按钮】→【打印】→【打印预览】命令来进行打印预览。在打印预览界面中,用户可以调整显示大小以方便查看。在打印预览界面中,也可以进行纸张方向和大小的调整。预览结束后,可通过【关闭打印预览】命令结束打印预览。

4.8.6　打印

设置好文档格式后,即可进行文档的打印。Excel 2007 与 Word 2007 一样,提供了"打印"和"快速打印"两种方式进行文档的打印。

文档打印的具体操作为:单击【Office 按钮】→【打印】,然后通过选择【打印】和【快速打印】命令来进行打印。

本章小结

本章系统介绍了 Excel 2007 的各项基本功能,主要内容包括 Excel 2007 工作薄、工作表和单元格的基本操作以及用 Excel 2007 进行数据、文本等内容的处理等。通过学习本章内容,用户可以对 Excel 2007 有一个大致的了解,能够实现基本的电子表格建立应用,并应当通过实际的上机操作来熟练掌握 Excel 2007。

上机与习题

一、填空题

(1)编辑栏主要用来编辑显示当前_____的内容。主要由_____、_____、_____三部分组成。

(2)工作薄是用来处理和存储工作表数据的文件,其扩展名为_____。

(3)对工作表的选择需利用_____,在其中点击相应工作表即可将其选中。

(4)在对单元格进行处理时,首先必须选中单元格,称为_____。

(5)在【对齐方式】功能区上可以看见系统提供了六种对齐方式:_____、_____、_____、_____、_____、_____。

(6)数据的自动填充主要靠_____来实现。

(7)当以一列数据为排序依据时,称为_____;当以多列数据为排序依据时,称为_____。

(8)公式的输入必须以为_____开头,后面接一个由函数、运算符或常量等组成的表达式。

(9)公式的运算符由以下四种运算符构成:_____、_____、_____、_____。

(10)函数由_____和_____两部分组成。

二、简答题

(1)工作薄,工作表和单元格之间的关系?

(2)Excel 2007 中,对特殊数据的输入有何要求?

(3)如何用填充柄来自动填充序列?

三、实践题

(1)利用 Excel 2007 建立一个新的工作薄,在其中用多种方式添加工作表。

(2)在工作表的单元格中录入数据,并尝试利用填充柄来进行数据的自动填充。

(3)利用公式和函数对录入的数据进行处理。

第 5 章

PowerPoint 2007 演示文稿制作软件

PowerPoint 2007 是 Microsoft 公司最新推出的演示文稿制作软件,与 PowerPoint 2003 相比较而言,PowerPoint 2007 拥有一个全新的外观,这种新的用户界面用一种简单而直观的方式替代了早期版本中的菜单、工具栏和大部分任务窗格,能够帮助用户更容易地找到完成各种任务的相应功能,能够更高效地使用 PowerPoint。PowerPoint 2007 作为演示文稿制作软件,一直在多媒体演示、产品推介、个人演讲等应用领域得到广泛应用,用户可以利用它制作屏幕演示、投影幻灯片、学术论文展示,还可以为演示文稿添加多媒体效果并在 Internet 上发布。

5.1   PowerPoint 2007 概述

5.1.1   PowerPoint 2007 的启动与退出

1. PowerPoint 2007 的启动

启动 PowerPoint 2007 通常有以下三种方法:

(1)单击【开始】→【所有程序】→【Microsoft Office】→【Microsoft Office PowerPoint 2007】命令,即可启动 PowerPoint 2007,如图 5-1 所示。

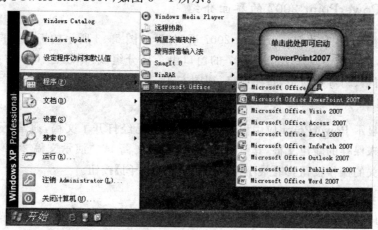

图 5-1   从【开始】菜单中启动 PowerPoint 2007

(2)双击"桌面"上的"Microsoft Office PowerPoint 2007"快捷方式图标按钮。

(3)双击"我的电脑"或者"资源管理器"中一个现有的 PowerPoint 文件,系统会首先启动

PowerPoint 程序,并打开该文件。

其主界面如图 5-2 所示:

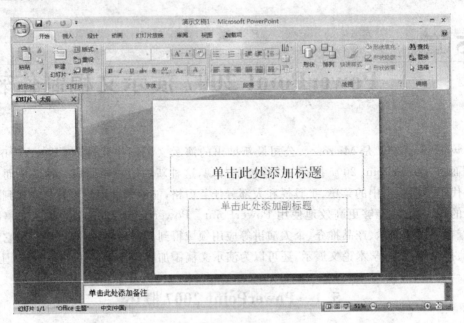

图 5-2　PowerPoint 2007 主界面

2. PowerPoint 2007 的退出

(1)单击【Office】按钮→【退出 PowerPoint(X)】命令。

(2)单击右上角的【关闭】按钮。

(3)直接按键盘上的"Alt+F4"键。

5.1.2　PowerPoint 2007 的界面介绍

默认设置状态下,启动 PowerPoint 2007 后,打开如图 5-3 所示的工作窗口,并自动新建了一个空的演示文稿。PowerPoint 2007 的窗口由 7 部分组成:标题栏、Office 按钮、选项卡、幻灯片/大纲窗格、幻灯片窗格、备注窗格、视图方式。

1. 标题栏

标题栏可显示 PowerPoint 应用程序的名称,如果已经打开了文稿,通常还显示活动文稿的文件名。尚未保存的新建文稿,其默认名称为"演示文稿 1"、"演示文稿 2"等。同时在右侧提供与窗口相关的操作按钮,如【最小化】、【最大化】、【关闭】按钮。

2. Office 按钮

在 PowerPoint 2007 中,Office 按钮相当于 PowerPoint 2003 中的【文件】菜单,但增加了【准备】和【发布】命令。

3. 选项卡

选项卡包括【开始】、【插入】、【页面布局】、【引用】、【邮件】、【审阅】、【视图】、【加载项】八个菜单命令,并在选项卡下方详细列出了选中菜单的相应子菜单项图标,方便对 PowerPoint

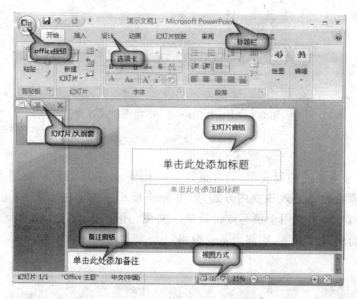

图 5 - 3　PowerPoint 2007 工作窗口

2007 的各个对象进行操作，完成演示文稿的所有编辑。

4. 幻灯片/大纲窗格

在此处可以切换幻灯片/大纲的浏览窗格，快捷地浏览演示文稿中幻灯片的缩略图，便于对整个演示文稿的整体结构进行调整。幻灯片的切换可以通过单击此处的幻灯片的缩略图来完成，选中的幻灯片将突出显示。

5. 幻灯片窗格

"幻灯片窗格"是 PowerPoint 2007 工作中最大的一部分，这是使用 PowerPoint 软件进行幻灯片制作的主要工作区，每张幻灯片的编辑操作都是在此区域内完成的。幻灯片上具有点线边框的矩形框为占位符，可以在占位符中输入文本，也可以对当前幻灯片进行对象插入、编辑和设置格式等操作。

6. 备注窗格

备注窗格用于输入演讲者对当前幻灯片需要解说的内容，用户可以在此添加演说备注和其他信息。（备注内容一般只供演讲者在放幻灯片过程中作参考，此栏中的内容在幻灯片放映时不显示在大屏幕中。）

7. 视图方式

视图是查看和使用演示文稿的方式，在演示文稿制作的不同阶段，每一种视图都有其适用的场合，PowerPoint 2007 中的主要视图方式有三种，分别为普通视图、幻灯片浏览视图和幻灯片放映视图。在不同的视图中，用户都可以对演示文稿进行编辑和加工，同时这些改动都将反映到其他视图中。

5.1.3　PowerPoint 2007 的视图切换

PowerPoint 2007 提供了多种视图模式，其界面如图 5 - 4 所示：

图 5-4　PowerPoint 2007 视图模式界面

1. 普通视图

普通视图是最主要的编辑视图,同时也是 PowerPoint 2007 的默认视图方式。启动 PowerPoint 2007 后系统自动进入该视图方式,如图 5-5 所示。在这种方式下,可以逐张为幻灯片添加文本和其他对象,主要用于撰写或设计演示文稿。该视图有三个工作区:左侧为幻灯片/大纲窗格,右侧为幻灯片窗格,底部为备注窗格。

图 5-5　PowerPoint 2007 普通视图模式

2. 幻灯片浏览视图

幻灯片浏览视图是以缩略图形式显示幻灯片的视图,主要用于对幻灯片的浏览和组织。在这种视图方式下,窗口中可以同时显示多张幻灯片,在结束创建或编辑演示文稿后,使重新排列、添加或删除幻灯片以及浏览和切换动画效果都变得容易。该视图模式下的界面如图 5-6 所示。

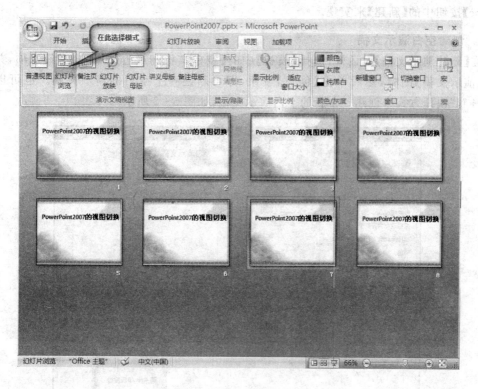

图 5-6　PowerPoint 2007 幻灯片浏览视图模式

3. 幻灯片放映视图

幻灯片放映视图模式下幻灯片将占据整个计算机屏幕,这就是在计算机上进行的演示文稿的放映。这种全屏幕视图中所看到的演示文稿就是将来观众所看到的。在这种模式下可以看到图形、时间、影片、动画元素以及将在放映中看到的切换效果。如图 5-7 所示,按【Enter】键或者单击鼠标左键显示下一张,按【Esc】键或放映完所有幻灯片恢复原样。

5.2　演示文稿的基本操作

5.2.1　演示文稿的创建

在 PowerPoint 2007 中,存在演示文稿和幻灯片两个概念,使用 Power-Point 制作出来的整个文件叫演示文稿,它的扩展名为.pptx,而演示文稿中的每一页叫幻灯片。每一张幻灯片上可有文本、图形、图像、声音、影像、动画、表格、图标和按钮等对象。当我们想要创建一篇演示文稿,可以通过单击

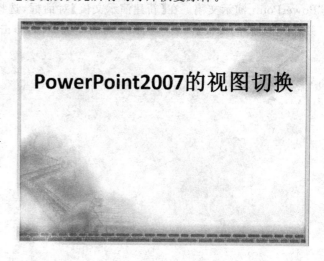

图 5-7　PowerPoint 2007 幻灯片放映视图模式

【Office】按钮中的【新建】来实现。

1. 创建空白演示文稿

在【新建演示文稿】对话框,选择【模板】中的【空白文档和最近使用的文档】选项,并选择
【空白演示文稿】图标,然后单击【创建】按钮,即可新建一个空白的演示文稿。也可以通过
"Ctrl+N"快捷方式来创建一个新的空白演示文稿,如图 5-8 所示。

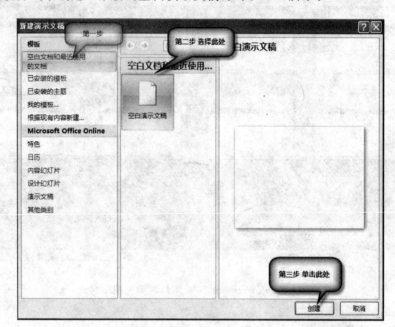

图 5-8　空白演示文稿的创建

2. 根据已安装的模板创建演示文稿

PowerPoint 2007 自带 6 种模板可供用户使用,用户可以根据这些自带的模板来创建
PowerPoint 演示文稿。在【新建演示文稿】对话框,选择【模板】中的【已安装的模板】选项卡,
并在【已安装的模板】列表中选择所需的模板图标,单击【创建】即可,如图 5-9 所示。

图 5-9　根据已安装的模板创建演示文稿

3. 根据已安装的主题创建演示文稿

在【新建演示文稿】对话框，选择【模板】中的【已安装的主题】选项卡，并在【已安装的主题】列表中选择所需的主题图标，单击【创建】即可，如图 5-10 所示。

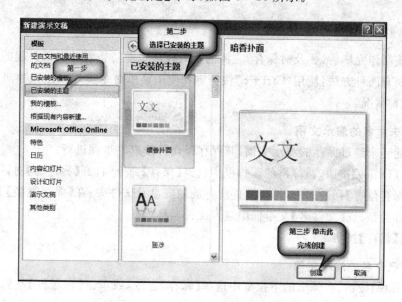

图 5-10　根据已安装的主题创建

4. 根据现有内容新建创建演示文稿

若磁盘中存在已有的演示文稿，使用"根据现有内容新建"创建演示文稿，可以让用户利用已有的演示文稿文件生成新的演示文稿。在【新建演示文稿】对话框,选择【模板】中的【根据现有内容新建】选项,打开"根据现有演示文稿新建"对话框,如图 5-11 所示,选择已经存在的演示文稿文件,单击对话框中的【新建】按钮就会以选择的演示文稿为模板创建一个新的演示文稿。

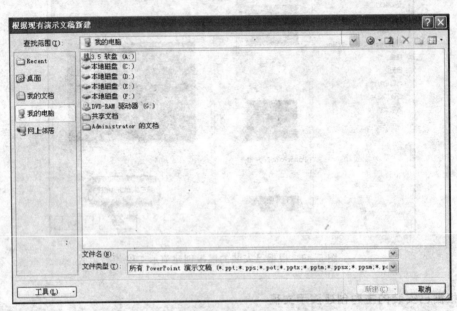

图 5-11　根据现有演示文稿新建对话框

5.2.2　演示文稿的保存

演示文稿制作完毕后,要及时保存,文稿的及时保存也能防止意外因素引起的丢失。保存演示文稿主要有两种方法:使用"Ctrl＋S"快捷键和使用菜单命令实现。在保存演示文稿的时候,有如下三种情况:

1. 保存未命名的演示文稿

对于新建还未经过保存的演示文稿,其保存操作可按以下步骤进行:

(1)单击【Office】按钮,在弹出的下拉框中选择【保存】命令,打开【另存为】对话框。

(2)在【保存位置】列表框中,选择文件所存放的磁盘及文件夹;在【保存类型】下拉框中,选择文件的保存类型;在【文件名】文本框中输入文件名称。

(3)单击【保存】按钮。

2. 保存已命名的演示文稿

单击【Office】按钮,在弹出的下拉框中选择【保存】命令,或单击【标题栏】左侧的【保存】按钮,即可完成对文档的保存。

3. 保存演示文稿为其他格式文件

单击【Office】按钮,在弹出的下拉框中选择【另存为】命令,选择保存文件所需的格式,其步骤和(1)相同。如果将演示文稿保存为"PowerPoint 放映"模式,则可以通过双击演示文稿来实现放映。

5.2.3　演示文稿的打开

当需要打开已保存的演示文稿时,有多种操作方法,三种主要的方法如下:

(1)在电脑磁盘中直接双击所需要打开演示文稿文件即可打开该演示文稿。

(2)在 PowerPoint 2007 主界面上按"Ctrl+O"快捷键,然后选择要打开的演示文稿。

(3)选择【Office】按钮→【打开】命令,打开【打开】对话框,在【查找范围】中选择要打开演示文稿所在的位置,单击对话框中的【打开】按钮即可。

5.2.4　演示文稿的关闭

关闭演示文稿就是退出正在编辑的演示文稿界面,用户可以通过以下方式之一进行:

◆ 单击演示文稿窗口右上角的【关闭】按钮。

◆ 选择【Office】按钮→【关闭】命令。

◆ 选择【Office】按钮→【✕ 退出 PowerPoint(X)】命令(关闭文件并退出应用程序)。

◆ 使用"Ctrl+W"快捷键。

◆ 使用"Ctrl+F4"快捷键(关闭所有已经打开的演示文稿)。

◆ 使用"Alt+ F4"快捷键(关闭 PowerPoint 2007 程序)。

5.3　幻灯片的基本操作

5.3.1　幻灯片的选择

在 PowerPoint 2007 中,用户可以在演示文稿中选择一张或者多张幻灯片,然后对选中的幻灯片进行操作。

◆ 选择单张幻灯片:在普通视图或者幻灯片浏览模式下,只需单击需要的幻灯片,即可选中。

◆ 选择编号相连的多张幻灯片:单击起始编号的幻灯片,然后按住 Shift 键,单击结束编号的幻灯片,此时编号内的所有幻灯片将被选中。

◆ 选择编号不相连的多张幻灯片:按住 Ctrl 键,然后单击需要选择的每张幻灯片,此时被单击的所有幻灯片将被选中,若要取消单张已选中的幻灯片,只需在按住 Ctrl 键的同时再次单击即可。

5.3.2　幻灯片的插入

幻灯片的插入操作步骤如下:

(1)在幻灯片浏览视图窗口中,单击要插入幻灯片的位置。

(2)单击右键选择【新建幻灯片】命令或者选择【开始】选项卡,单击【幻灯片】组中的【新建幻灯片】按钮。

(3)为新幻灯片选择版式,单击该版式图标即可。其插入步骤如图 5-12 所示。也可以使用"Ctrl+M"快捷键在演示文稿中插入幻灯片。

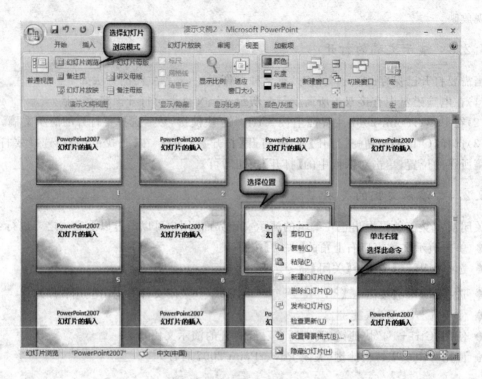

图 5－12　幻灯片的插入

5.3.3　幻灯片的复制或移动

演示文稿有时需要两张或多张内容基本相同的幻灯片,而 PowerPoint 2007 所支持的以幻灯片为对象的复制操作使其实现十分方便,对于制作只有细微差别的多张幻灯片,只需在复制的基础上做小幅度的修改即可完成。复制幻灯片的基本方法如下:

(1)选中所需复制的一张或多张幻灯片,在【开始】选项卡【剪贴板】组中单击【复制】按钮,或使用"Ctrl＋C"快捷键来实现,如图 5－13 所示。

(2)在需要插入幻灯片的位置单击,然后在【剪贴板】组中单击【粘贴】按钮,或使用"Ctrl＋V"快捷键来实现,如图 5－14 所示,也可在选中的幻灯片上单击右键,通过弹出的快捷菜单中的【复制】、【粘贴】命令实现。

若幻灯片需要调整位置,只需要在视图窗格中选中需要调整的幻灯片,按住鼠标左键,拖动到目标位置释放即可,也可以通过【剪切】和【粘贴】命令来实现,或者使用"Ctrl＋X"、"Ctrl＋V"快捷键。

5.3.4　幻灯片的删除

在所需要删除的幻灯片上单击右键,在弹出的快捷菜单中选择【删除幻灯片】命令或者选中要删除的幻灯片,直接按 Delete 键进行删除。也可以通过【幻灯片】组中的【删除】按钮来实现。

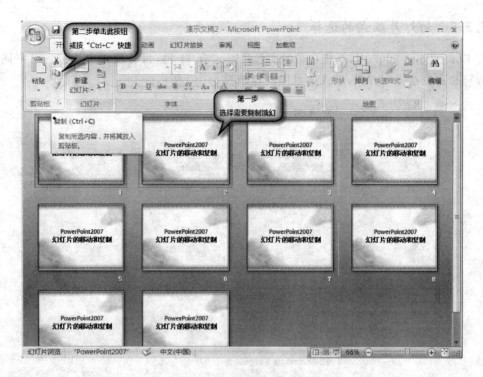

图 5-13　幻灯片的复制

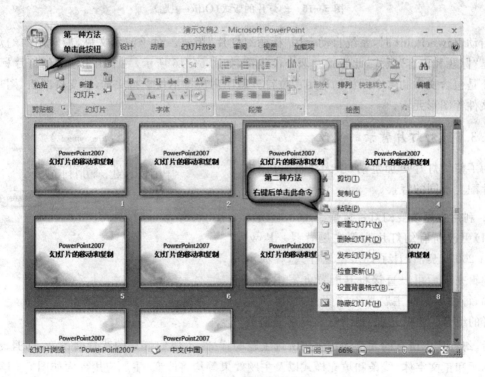

图 5-14　插入复制的幻灯片

5.3.5 幻灯片版式的选择

在 PowerPoint 2007 中,系统自带的幻灯片版式有 11 种,每种版式中均包含了不同类型的占位符和占位符排列方式,版式的具体内容如图 5-15 所示。

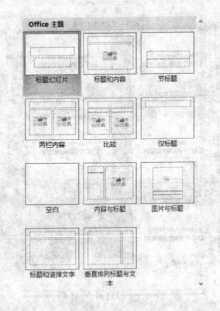

图 5-15 幻灯片的版式(Office 主题)

启动 PowerPoint 时,系统自动套用"标题幻灯片"版式。对于演示文稿,最常用的幻灯片版式是"标题和内容"版式,此版式有两个占位符,如图 5-16 所示,一个用于输入幻灯片标题,另一个是包含文本和多个图标的通用占位符。通用占位符不仅支持文本,还支持图表、图片和影视文件等图形元素。

5.3.6 幻灯片背景的更改

为了使幻灯片更加生动、引人注目,可以为幻灯片配上不同的背景。

1. 利用主题改变幻灯片背景

(1)更改所有幻灯片为新主题背景。PowerPoint 2007 已经设计了许多主题样式,在演示文稿编辑完成后可以直接将其配置方案用于演示文稿,每种不同的主题是不同颜色、字体和效果三者的组合。也就是说,当幻灯片应用了新的

图 5-16 "标题幻灯片"版式

主题后,幻灯片中所有的元素均将应用所选主题的样式,不但幻灯片的背景会改变,而且幻灯片的标题和正文字体、线条和填充样式以及主题效果等均将改变,主题应用界面如图 5-17 所示。

(2)更改单张幻灯片为新主题背景。选择【设计】选项卡,在【主题】组中有许多主题的缩略

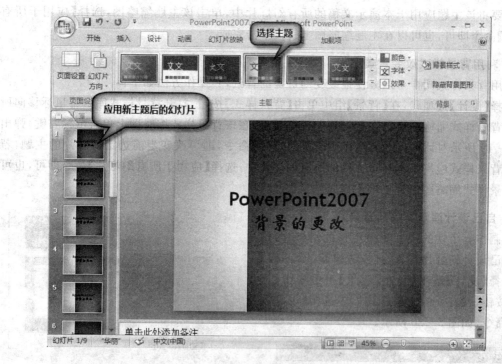

图 5-17　利用主题更改幻灯片背景

图（单击右侧的【其他】按钮可以查看更多的主题），将鼠标移向需要的主题缩略图，可以在幻灯
片上预览该主题的显示效果。在该主题缩略图上单击鼠标右键，选择【应用于选定幻灯片】命
令，即可改变当前选定幻灯片的主题，如图 5-18 所示。

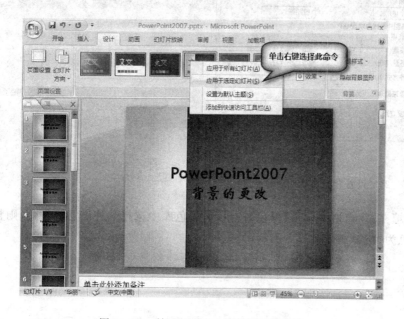

图 5-18　利用主题更改单张幻灯片背景

若要将该主题应用于本演示文稿的所有幻灯片中,单击该主题缩略图,选择【应用于所有幻灯片】命令即可,也可以在主题缩略图上直接单击完成。

2. 利用背景样式改变背景

利用背景样式同样可以方便地改变幻灯片的背景,其操作方法如下:

选择【设计】选项卡,在【背景】组中单击【背景样式】按钮,打开背景样式库。将鼠标移向所需要的背景样式缩略图可以在幻灯片上预览效果,在该背景样式缩略图上单击鼠标右键,弹出如图 5-19 所示对话框,选择【应用于所选幻灯片】命令,即可改变当前选定幻灯片的主题,若要将该背景样式应用于本演示文稿的所有幻灯片中,选择【应用于所有幻灯片】命令即可,也可以在背景样式缩略图上直接单击完成。

3. 自己设计演示文稿的背景

为制作有个性的或者效果更佳的幻灯片,用户可以自己设计幻灯片背景,其方法如下:

选择【设计】选项卡,在【背景】组中单击【背景样式】按钮,在打开的背景样式库中选择【设置背景格式】命令,如图 5-20 所示。

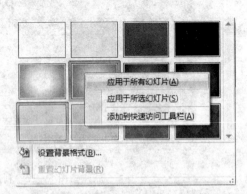

图 5-19　利用背景样式改变背景

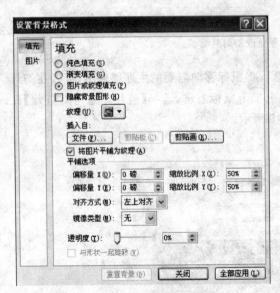

图 5-20　设置背景格式对话框

(1)纯色填充:在窗格中单击【颜色】按钮,从颜色库中选择一种满意的颜色,则整个幻灯片将填充此颜色为背景,如图 5-21 所示。

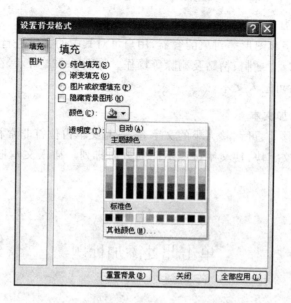

图 5 - 21　为幻灯片填充纯色为背景

（2）渐变填充：在窗格中单击【预设颜色】按钮可以选择某种渐变颜色，并可对类型、方向、角度及渐变光圈等进一步选择，对渐变进行调整，如图 5 - 22 所示。

（3）图片或纹理填充：可以将磁盘中的图片设为幻灯片背景，如图 5 - 23 所示。

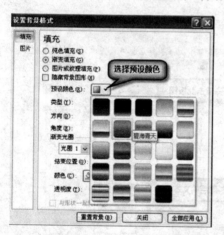

图 5 - 22　设置渐变填充颜色

图 5 - 23　设置图片或纹理背景

5.4　文本的输入及格式的设置

文字是演示文稿中至关重要的组成部分，本小节将讲述在幻灯片中添加文本与设置文本格式的方法。

5.4.1　文本的输入

在幻灯片中添加文本有三种方法。

1. 在占位符中添加文本

占位符是包含文字和图形等对象的容器,用户可对其中的文字进行操作,也可以对占位符本身进行大小调整、移动、复制、粘贴及删除等操作。如图 5-24 所示,在占位符中单击鼠标左键,出现闪烁的光标后可输入文本。

2. 使用文本框添加文本

文本框是一种可移动、可调整大小的文字容器,与文本占位符非常相似。使用文本框可以在幻灯片中放置多个文字块,使文字按照不同的方向排列。插入文本框的方法如图 5-25 所示。

图 5-24　文本占位符

图 5-25　文本框的创建

3. 从外部导入文本

用户除了使用复制的方法从其他文档中将文本粘贴到幻灯片中,还可以在【插入】菜单下拉框中,点击【文本】选项卡的【对象】命令,直接将文本文档导入到幻灯片,如图 5-26 所示。

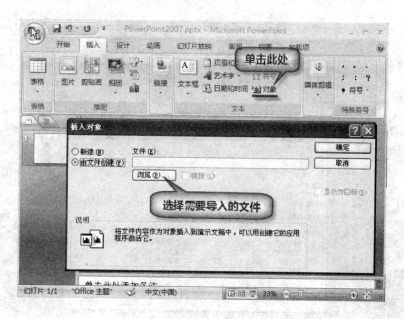

图 5-26 从外部导入文本

5.4.2 格式的设置

选中所需设置格式的文本,可利用【开始】选项卡的【字体】组及【浮动工具栏】设置文本的字体格式(如大小、字体颜色、添加下划线等基本属性设置);【段落】组设置文本的段落格式(如行距、段前段后距等),如图 5-27 所示。也可单击【段落】组中的【对话框启动器】按钮,打开【字体】或【段落】对话框,如图 5-28 所示。

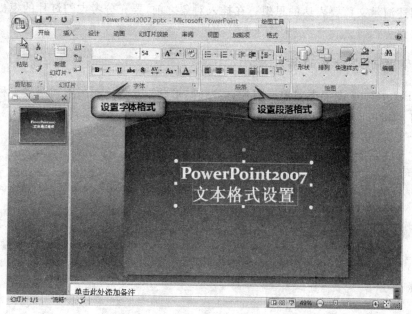

图 5-27 通过选项卡设置

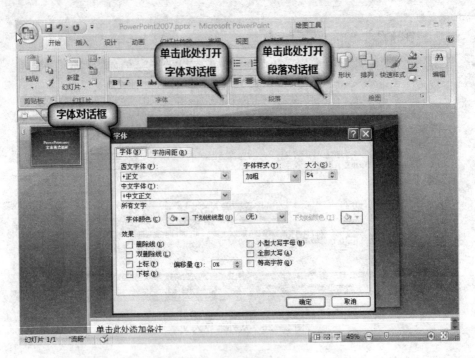

图 5 - 28　通过对话框设置

5.5　对象的插入

在演示文稿中插入图片、声音、视频等对象,可使幻灯片的内容更加丰富多彩,也可以更生动形象地阐述演示文稿要表达的思想。在插入对象之前,要充分考虑幻灯片的模板,使对象和模板和谐一致。

5.5.1　图形类对象的插入

PowerPoint 2007 图形类对象有图片、剪贴画、形状、SmartArt 图形和图表五种,其自带内容非常丰富,如图 5 - 29 所示。

图 5-29　图形类对象的类型

1. 图片的插入

用户可以插入磁盘中的图片,往幻灯片中插入图片的步骤如下:

(1)在【插入】选项卡中,单击【插图】组中的【图片】按钮,打开【插入图片】任务窗格,如图5-30所示。

图 5-30　插入图片对话框

(2)在屏幕中打开的【插入图片】任务窗格,选择需要插入的图片文件后,单击【插入】按钮。

(3)将图片插入幻灯片后,可以对其进行调整(如大小、位置、旋转等),以使这些图片与幻灯片的整体风格相协调。在【图片工具】额外选项卡中单击【格式】选项卡,通过【调整】、【图片样式】、【排列】、【大小】组中相应的命令按钮进行图片的调整。

2. 剪贴画的插入

要插入剪贴画,单击【插入】→【插图】→【剪贴画】按钮,打开【剪贴画】任务窗格,单击所需插入的剪贴画即可将其插入到幻灯片中。

3. 形状的插入

单击【插入】→【插图】→【形状】按钮,在下拉框中选择所需插入的形状。

4. SmartArt 图形的插入

单击【插入】→【插图】→【SmartArt】按钮,打开"选择 SmartArt 图形"窗格。

5. 图表的插入

单击【插入】→【插图】→【图表】按钮,打开"插入图表"窗格,选择所需插入的图表样式,单击【确定】按钮。

5.5.2 声音的插入

幻灯片中还可以插入声音,使放映的时候能够获得优美的视听效果,声音插入后将显示成一个表示所插入声音文件的图标并可自由控制声音的播放,用户可以改变此图标的大小,并可将此图标移动到幻灯片的合适位置。

1. 幻灯片插入声音的方法

单击【插入】选项卡【媒体剪辑】组中的【声音】按钮,打开【插入声音】对话框,如图 5-31 所示,选择要插入的声音文件,单击确定按钮,将显示图 5-32 所示提示框,提示选择声音的播放方式。

◆【自动】按钮:在放映演示文稿切换到该幻灯片时,若没有其他媒体效果将会自动播放此声音。如果还有其他效果(如动画),则将在其他效果后播放此声音

◆【在单击时】按钮:在放映演示文稿切换到该幻灯片时,要通过单击幻灯片上的声音图标来手动播放。

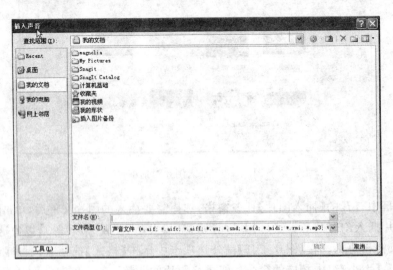

图 5-31　插入声音对话框

图 5 - 32　设置声音的播放方式

2. 插入声音的种类

演示文稿中的声音分为两种：嵌入的声音和链接的声音。两者的主要区别在于存储位置以及添加到演示文稿后的更新方式，当源声音文件发生更改时，链接文件会自动随之更新，而嵌入的文件不会自动更新。

演示文稿默认情况下只能嵌入小于 100KB 的 Wav 声音文件，要查看声音文件是嵌入的还是链接的，可选中该声音图标，在【声音工具】下的【选项】选项卡【声音选项】组中单击对话框启动器，打开【声音选项】对话框，如图 5 - 33 所示，在信息栏下显示的是声音的路径，表示是链接声音，而显示"包含在演示文稿中"则表明是嵌入声音。

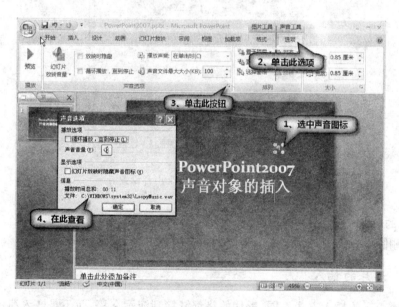

图 5 - 33　查看插入声音的种类

3. 声音的播放方式

(1)在一张幻灯片放映期间连续播放声音，此时声音将重复播放，直至切换到下一张幻灯片为止，其方法如下：

其设置方法和图 5 - 33 类似，选中声音图标，在【声音工具】下的【选项】选项卡【声音选项】组中选中【循环播放，直到停止】，界面如图 5 - 34 所示。

(2)在多张幻灯片中播放一个声音。要使多张幻灯片在放映过程中始终播放某声音，其方

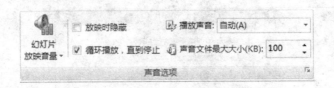

图 5-34　连续播放声音设置

法如下：

选中声音图标,在【动画】选项卡的【动画】组中,单击【自定义动画】按钮,此幻灯片上插入的声音将在【自定义动画】窗格中列出,双击需要播放的声音,打开【播放 声音】对话框,在【停止播放】选项区中选中【在_张幻灯片后】单选钮,在此数据规定的若干张幻灯片放映过程中将一直播放此声音,最后单击【确定】按钮,如图 5-35 所示。

图 5-35　播放同一个声音设置

4. 声音的删除

在需要删除声音的幻灯片上选中相应的声音图标,然后按"Delete"键即可。

5.5.3　影片的插入

与图片或声音的插入方式不同,影片始终都链接到演示文稿,而不是嵌入演示文稿的。影片的插入方法如下：

单击【插入】选项卡【媒体剪辑】组中的【影片】按钮,打开【插入影片】对话框,和插入声音文件相同,选中要插入的影片后系统会打开一个提示框,供用户选择影片的播放方式。Power-Point 2007 可选的插放方式有自动播放和单击时播放两种。如图 5-36 所示。

选中幻灯片上的影片图标,可以在【播放】组中点击【预览】按钮来预览该影片或者直接双击该图标。在【影片选项】中选中【全屏放映】命令,如图 5-37 所示。在演示过程中播放影片时,可使影片充满整个屏幕,若在【播放影片】中选择【跨幻灯片工作】模式,在整个演示文稿过程中影片将连续播放直到结束。影片的删除方式和声音文件类似。

图 5-36　选择播放方式　　　　　图 5-37　全屏播放选项

5.5.4　超链接的插入

超链接是指从一个位置指向另一个目标的链接关系,在 PowerPoint 2007 中,用户可以通过幻灯片的对象创建同一个或不同演示文稿的另一张幻灯片的超链接,还可创建一个图片、一个电子邮件地址、一个文件、网页甚至一个应用程序的超链接。超链接的操作方法如下:

(1)在幻灯片中,选中要用作超链接的文本或对象。

(2)在【插入】选项卡的【链接】组中,单击【超链接】按钮,打开【插入超链接】对话框,如图5-38所示。

图 5-38　插入超链接对话框

◆ 原有文件或网页:在演示文稿中创建连接到其他目标的链接。

◆ 本文档中的位置:创建连接到本演示文稿中某张幻灯片的链接,可以使演示文稿放映时通过单击对象而跳转到目标幻灯片。

(3)插入超链接后,用作超链接的对象颜色会发生改变,单击了该超链接后,对象的颜色将变成另一种颜色,以便与没有访问过的超链接对象相区别。

(4)删除超链接。在幻灯片中选择用作超链接的对象,单击鼠标右键,在弹出的列表中选择【取消超链接】(如图 5-39 所示),或在【插入】选项卡的【链接】组中,单击超链接按钮,打开【编辑超链接】对话框,在对话框中单击【删除链接】,最后单击【确定】按钮完成操作。

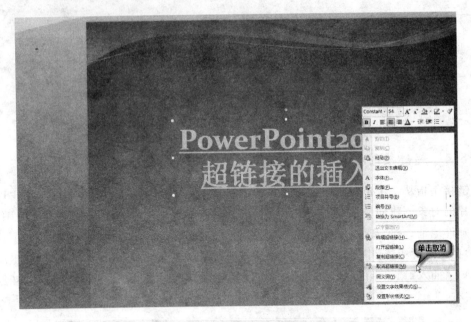

图 5-39　超链接的取消

5.6　动画效果的设置

为幻灯片中的元素设置动画效果或为幻灯片设置切换效果,能极大地提高演示文稿的趣味性。

5.6.1　对象动画的添加

1. 应用动画库中的动画

选中要设置动画效果的对象,单击【动画】选项卡【动画】组中的【动画】命令,出现动画方式下拉列表,移动鼠标到所需要的动画方式上,可在幻灯片的编辑区预览效果,找到满意的动画效果后单击此效果按钮即可。幻灯片在添加效果后,会在该幻灯片的左上角出现动画图标,如图 5-40 所示。

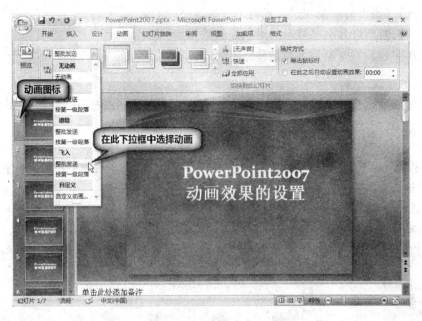

图 5-40　在动画库中添加动画

2. 自行设计动画

如果动画库中的动画效果不能满足自己的需要,用户也可以通过自行设计动画为选中的对象添加更多的动画效果。在动画方式的下拉列表里选中【自定义动画】效果按钮或直接点击【动画】组中的【自定义动画】按钮,打开【自定义动画】窗格,单击展开【添加动画】下拉菜单,从中选中具体的动画方式,如图 5-41 所示。

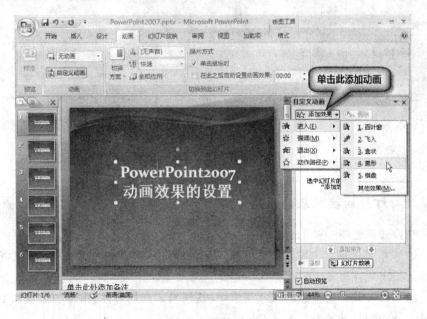

图 5-41　自行设计动画

◆【进入】、【退出】：对象在进入或退出放映界面时的效果。

◆【强调】：对幻灯片上已显示的对象添加效果。

◆【动作路径】：对对象添加按某种路径移入界面的效果。

3. 动画的修改

对幻灯片设置动画后，动画方案会显示在【自定义动画】任务窗格中，对动画效果不满意可以进一步修改。

(1)播放顺序的修改

在【自定义动画】任务窗格的播放列表框中选中该动画，单击底部的【重新排序】两边的上升或下降按钮即可。

(2)动画效果的修改

选中该动画后单击右侧的下拉菜单，可重新设置动画开始的方式。单击【效果选项】命令，打开【盒状】对话框，可对动画的方向、计时方式及是否添加声音重新设计，如图 5-42 所示。

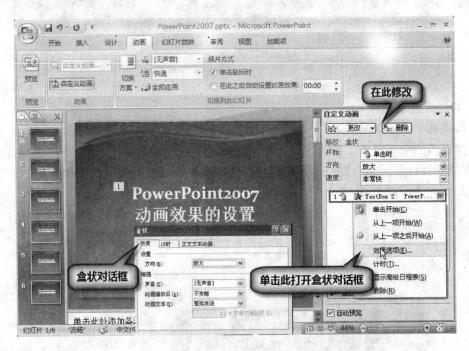

图 5-42　动画的修改

5.6.2　幻灯片切换效果的设置

幻灯片切换效果是指一张幻灯片如何从屏幕上消失，以及另一张幻灯片如何显示在屏幕上的方式。幻灯片的切换方式可以是简单地以一张幻灯片代替另一张幻灯片，也可以使幻灯片以特殊的效果出现在屏幕上。可以为一组幻灯片设置同一种切换方式，也可以为每张幻灯片设置不同的切换方式。通过【动画】选项卡中的【切换到此幻灯片】组中的命令和工具可为选中幻灯片设置特殊的打开效果。如图 5-43 所示。

单击某幻灯片切换效果的缩略图，可以将此效果应用于所选的幻灯片中，并可在【切换声音】下拉列表框中选择一种声音效果。在【切换速度】下拉列表框中选择一种速度,若单击【全部应用】按钮可以将此切换效果应用到演示文稿的所有幻灯片中。

图 5 - 43　幻灯片切换效果设置

在幻灯片放映过程中也可设置为某一时间后的自动切换,如图 5 - 44 所示,则在本幻灯片出现 6 秒后进行自动切换。

图 5 - 44　自动切换设置

5.7　幻灯片的放映

在制作完演示文稿后，就可以进行放映，观察演示文稿的效果。PowerPoint 2007 提供了丰富的放映控件工具，如图 5 - 45 所示。

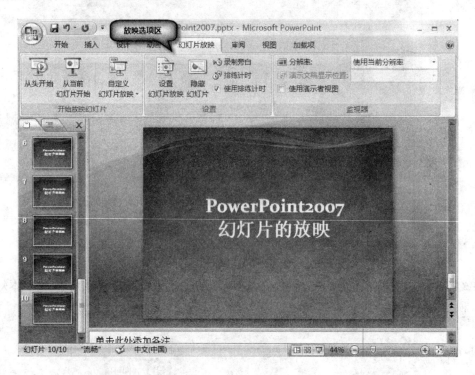

图 5 - 45　幻灯片放映选项区

5.7.1　幻灯片放映方式的设置

1. 放映方式的设置

PowerPoint 2007 提供了灵活的幻灯片放映模式，在【设置】组中单击【设置幻灯片放映】，打开【设置放映方式】对话框，如图 5 - 46 所示。

◆ 放映类型：设置幻灯片的放映方式，是演讲者进行幻灯片的放映还是观众自行浏览幻灯片，若点选【在展台浏览（全屏幕）】选项，幻灯片以全屏幕显示并且循环放映整个幻灯片。

◆ 放映幻灯片：设置放映的幻灯片范围。

◆ 放映选项：设置放映是否循环放映幻灯片，是否放映旁白、动画等。

◆ 换片方式：设置幻灯片的切换方式。

2. 录制旁白

如果幻灯片是观众自行浏览的话，可将旁白（即解说词）等事先录好，为放映时自动播放的幻灯片添加录音，其操作方法如下：

打开需要录制旁白的演示文稿，在【幻灯片放映】选项卡中单击【设置】组中的【录制旁白】

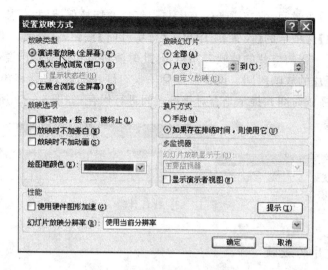

图 5 - 46　设置放映方式

按钮,打开【录制旁白】对话框如图 5 - 47 所示。

图 5 - 47　录制旁白对话框

◆ 设置话筒级别:检查话筒是否正常。

◆ 浏览:改变旁白的保存路径。

　　在单击【确定】按钮后,会自动放映幻灯片,用户此时只需要对着话筒说出旁白即可。在所有幻灯片旁白录制完成后,弹出如图 5 - 48 所示对话框,单击【保存】按钮可以将录制旁白时各幻灯片的切换时间一同保存,以便放映时可以实现自动放映。

图 5 - 48　保存切换时间对话框

3. 排练计时

通常情况下,演讲者对于不同幻灯片的内容所用的讲述时间都不同,可以在【排练计时】里

预设每页幻灯片的播放时间,使演讲者的速度与幻灯片的切换保持同步,其方法如下:

在【幻灯片放映】选项卡的【设置】组中单击【排练计时】按钮,在屏幕左侧出现"预演"对话框,该对话框随着第一张幻灯片的放映开始运行,此时演讲者可以对自己要讲述的内容进行排练,以确定当前幻灯片的放映时间。设置了最后一张幻灯片的时间后,将出现一个消息框,告诉演示文稿的总体播放时间并提示是否对排练时间进行保存,如图5-49所示。

图5-49　排练计时

5.7.2　幻灯片的放映

1. 放映方式

【幻灯片放映】选项卡的【开始放映幻灯片】组提供了三种放映方式。

(1)从头开始:无论用户当前浏览或编辑的幻灯片是演示文稿的第几张,单击该按钮都将从第一张幻灯片开始依次放映到最后一张幻灯片,也可以通过按F5键来实现。

(2)从当前幻灯片开始:单击该按钮将使演示文稿从用户正在浏览的幻灯片开始播放,直到演示文稿的结尾为止。

(3)自定义幻灯片放映:从演示文稿中挑选自己需要的幻灯片,然后重新设置其放映顺序。单击【自定义幻灯片放映】按钮,打开【自定义放映】对话框,,然后单击【新建】按钮,打开【定义自定义放映】对话框,在"演示文稿中的幻灯片"列表框中选中要放映的幻灯片,单击【添加】按钮,将它们添加到"在自定义放映中的幻灯片"列表框中,可通过右侧的↑和↓按钮调整它们的放映顺序,如图5-50所示。

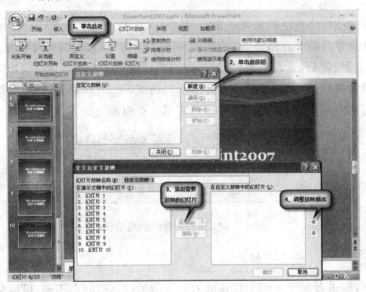

图5-50　自定义幻灯片的放映

2. 放映控制

在幻灯片的放映过程中,演讲者可以用鼠标和键盘进行放映次序的控制,并可以用鼠标实现重点内容的标记操作。

(1)放映秩序控制。用户在放映过程中可以通过键盘上的"Page Up"或上箭头键切换到上一张,通过"Page Dowm"或下箭头键切换到下一张。也可以单击鼠标左键实现依次切换到下一张,或在播放界面单击鼠标右键,选择【上一张】或【下一张】命令。通过【定位至幻灯片】可以快速定位到某张幻灯片。

(2)重点内容标记。演讲者可以在放映过程中利用鼠标实现重点放映内容的标记操作,其操作方法如下:

在放映界面右击,在弹出的菜单中选择【指针选项】命令,如图 5-51 所示,在其子菜单中可以选择绘图笔样式及墨迹演示,用红色圆珠笔标记后的幻灯片界面如图 5-52 所示,在放映结束后会弹出一个是否保存墨迹注释的对话框。

图 5-51　选择笔迹样式

图 5-52　红色圆珠笔标记后的界面

5.8　演示文稿的打印与输出

5.8.1　演示文稿的打印

1. 页面设置

打印前需要对幻灯片的大小、纸张、幻灯片的方向等项目进行设置,这就是演示文稿的页面设置,其方法如下:

在【设计】选项卡中,单击【页面设置】组中的【页面设置】按钮,打开【页面设置】对话框如图 5-53 所示,在【幻灯片大小】下拉列表框中选择幻灯片显示的大小,如果选择【自定义】选项,可以在【宽度】和【高度】文本框中输入具体的数值。在【幻灯片编号起始值】文本框中选择幻灯片的起始编号,在【方向】选项区中设置幻灯片及备注、讲义和大纲的方向。

2. 打印演示文稿

在进行了页面设置后,就可以对演示文稿打印输出了,在【Office】按钮中执行【打印】命

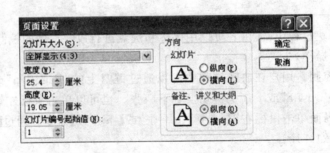

图 5-53　打印页面设置

令,弹出如图 5-54 所示的对话框。选择打印文稿的打印机、所需的打印范围及其他参数。

图 5-54　打印对话框

(1)在【打印范围】栏中各选项功能如下:

◆【全部】:将打印该演示文稿的所有幻灯片。

◆【当前幻灯片】:打印当前选中的幻灯片。

◆【幻灯片】:可以在文本框中输入要打印的幻灯片编号或范围。

(2)在【打印内容】栏中各选项功能如下:

◆【幻灯片】:每张纸上打印一张幻灯片。

◆【讲义】:可以在右侧指定每页要打印的幻灯片张数及排放顺序。

◆【备注页】:每张纸上打印一张幻灯片的同时将备注内容一同打印出来。

◆【大纲视图】:打印幻灯片的大纲。

5.8.2　演示文稿的打包

当演示文稿制作完成后,为了避免在没有安装 PowerPoint 2007 的机器上无法放映,可以将演示文稿及演示所需的其他文件打包,并复制到一个文件夹中,这样在其他机器上放映时只需要解包即可进行放映,打包的方法如下:

在【Office】按钮的下拉菜单中,选择【发布】菜单中的【CD 数据包】命令,打开对话框如图5-55所示。

图 5-55　文稿打包对话框

◆【添加文件】:将其他演示文稿也打包到此数据库中,主要包括 PowerPoint 97－2003 演示文稿文件(. ppt)、PowerPoint 97－2003 模板文件(. pot)、PowerPoint 97－2003 放映文件(. pps)。

◆【选项】:设置演示文稿的播放方式。

◆【复制到文件夹】:为打包数据包文件选择保存目录。

本章小结

本章主要介绍了 PowerPoint 2007 软件的主要功能和使用方法两部分内容,内容全面,叙述简洁,重点在介绍操作使用的过程中注重对每一个关键的操作进行详细的描述。通过本章的学习,读者能够逐步了解和熟悉 PowerPoint 2007,可制作集艺术文字、图形图像、声音和视频技术于一体的形象生动的演示文稿或教学课件的幻灯片,让工作和生活更加完美。

上机与习题

一、填空题

(1)使用 PowerPoint 制作出来的整个文件叫_____,它的扩展名为_____。

(2)在 PowerPoint 2007 中,系统自带的幻灯片版式有_____种,每种版式中均包含了不同类型的_____和_____排列方式。

(3)占位符是包含_____和_____等对象的容器,用户可对其中的文字进行操作,也可以对占位符本身进行_____、_____、_____、_____及_____等操作。

(4)PowerPoint 2007 图形类对象有_____、_____、_____、_____和_____五种,其自带内容非常丰富。

(5)演示文稿中的声音分为两种_____和_____。

(6)与图片或声音不同,影片始终都_____,而不是_____。

(7)超链接是指从_____指向_____的链接关系。

(8)为幻灯片中的元素设置_____或为幻灯片设置_____,能极大地提高演示文稿的趣味性。

(9)放映类型设置幻灯片的_____,是演讲者进行幻灯片的放映还是观众自行浏览幻灯片,若点选_____选项,幻灯片以全屏幕显示并且循环放映整个幻灯片。

(10)在幻灯片的放映过程中,演讲者可以用鼠标和键盘进行_____的控制,并可以用鼠标实现重点内容的_____。

二、简答题

(1)PowerPoint 2007窗口主要由哪几部分组成?

(2)幻灯片视图方式的种类及应用场合?

(3)如何更改幻灯片的背景?

(4)幻灯片常用的放映方式有几种?

(5)如何打包演示文稿

三、实践题

制作一个5页的自我介绍演示文稿,中间要插入图像、文本、声音,影片片段及超链接,并为每一张幻灯片设置不同的背景和切换方式。

第 6 章

Visio 2007 图表绘制软件

6.1 Visio 2007 概述

6.1.1 Visio 2007 的启动与退出

和其他 Microsoft Office 软件一样,Visio 2007 的启动和退出主要方法如下:

1. 启动 Visio 2007

(1)单击【开始】→【所有程序】→【Microsoft Office】→【Microsoft Office Visio 2007】命令,运行 Visio 2007,进入 Visio 2007 环境。

(2)双击电脑中已经存在的一个 Visio 2007 文件,系统会首先启动 Visio 程序,并打开该文件。

2. 退出 Visio 2007

(1)若要退出 Visio 2007 的运行环境,单击【文件】菜单中的【退出】命令。

(2)单击右上角的【关闭】按钮,或直接按键盘上的"Alt+F4"键。

6.1.2 Visio 2007 的界面介绍

运用 Visio 2007 软件可以将设计者的想法、概念、系统、数据用图表表达出来,要迅速地创建图表,用户先要熟悉 Visio 2007 的工作面板。在默认情况下,菜单栏和工具栏位于窗口的顶部,带有模具和形状的【形状】窗格位于左边,绘图窗格在中间位置,任务窗格放在右边,状态栏则在最底部,如图 6-1 所示。

6.1.3 Visio 2007 的功能区介绍

1. 菜单

Visio 2007 中含有标准 Windows 样式的菜单和菜单栏。菜单位于菜单栏上,每个菜单显示一个命令列表,用户也可以根据需要自定义菜单栏,将菜单栏调整为显示最常用的命令。

1)菜单及其功能

◆【文件】:主要用于打开和存储文件,还包括新建、打印、退出、形状等功能命令,单击【新建】子菜单中的【入门教程】命令可以进入入门教程页面。

◆【编辑】:这是一个标准的编辑菜单,在 Visio 中可以通过【编辑】菜单剪切、复制形状或

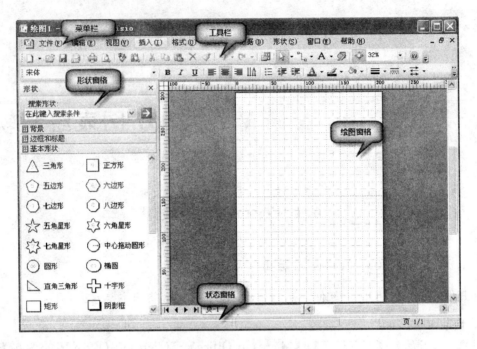

图 6 - 1　Visio 2007 面板介绍

绘图。

◆【视图】：包含有关视图操作的功能命令，能帮助用户选择哪些窗口显示在屏幕上。【形状】和【标尺】是默认选择的，还可以设置视图的缩放比例。

◆【插入】：使用【插入】命令可以在当前绘图中插入新对象，如图片、文本框、剪贴画、CAD绘图、注释、超链接等。

◆【格式】：能够设置文本、线条圆角和其他一些形状要素，如为所选文本或所选形状的文本块指定字体和样式特性、用【主题】命令为绘图提供富有新意的外观等。

◆【工具】：工具菜单中包含形状和绘图所需的各种工具，包含【拼写检查】、【自定义】、【选项】等子菜单，用户可通过工具菜单选择检查文字拼写、设置常规、保存、视图、高级等 Visio 2007 选项，还可以设置 Visio 2007 的调色板、标尺和网格。

◆【数据】：只有专业版的 Visio 2007 中才有数据菜单，用户可以使用菜单中的命令将数据连接到图表中的形状、在绘图中导入其他数据源中的数据及自定义数据格式。

◆【形状】：包含绘图中的形状操作命令，使用这些命令可以对形状进行旋转、翻转、组合、对齐等操作，还可以对形状进行排列、组合、拆分。

◆【窗口】：帮助用户在不同的绘图页面之间进行切换，并且含有【显示 ShapeSheet】命令。

◆【帮助】：使用最多的是"Microsoft Office Visio 帮助"，可以在用户需要的时候获得与 Visio 2007 相关的信息。

2)自定义菜单

(1)显示全部菜单

Visio 2007 菜单中都含有大量的子菜单，Visio 2007 在显示时只显示常用的几个菜单而不完全显示，以达到有效使用的目的，可以单击菜单底部的箭头展开，也可以双击菜单栏中的任一菜单来显示。如果要让菜单始终全部显示,在【工具】菜单中单击【自定义】命令,在打开的【自定义】对话框的【选项】选项卡中选中【始终显示整个菜单】命令,如图 6-2 所示。

(2)删除/添加菜单

用户可以在 Visio 2007 自定义菜单栏中的菜单,单击【工具】菜单中的【自定义】命令,弹出【自定义】对话框,用鼠标拖动所需删除的菜单到对话框上或在该菜单上单击鼠标右键,在弹出的快捷菜单中选择【删除】命令,即可删除该菜单。若需添加菜单,在【命令】选项卡【内置菜单】类别,在【命令】文本框中选择需要添加的菜单,拖动到菜单栏指定位置即可添加该菜单,如图 6-3 所示。

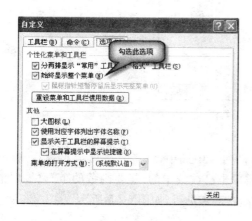

图 6-2　设置菜单为始终显示

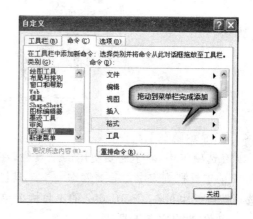

图 6-3　添加菜单至菜单栏

2.工具栏

1)工具栏简介

Visio 2007 的工具栏包括常用、格式、Web、布局与排列、动作、对齐和粘附、开发工具、模具、墨迹、设置文字格式、设置形状格式、视图等工具栏,还可以在 Visio 2007 的工具栏中显示、隐藏、移动、调整、自定义各工具栏,下面对各工具栏作简单介绍。

◆【常用】:主要包括用于拖动和绘制形状的工具及打开、关闭、保存和打印文件等。

◆【格式】:包含用于更改文本样式、字体、格式、颜色和线条样式的工具。

◆【Web】:插入超链接及在 Web 上向前、向后翻页。

◆【布局与排列】:主要是用于更改连接器排列方式的工具。

◆【动作】:包含用于旋转、对齐、连接形状及改变形状堆叠顺序的工具。

◆【对齐和粘附】:包含打开、关闭对齐或粘附按钮。

◆【开发工具】:包含运行宏、打开 VBA、插入控件、显示 ShapeSheet 窗口等工具。

◆【模具工具】:打开、创建、更改模具的工具。

◆【设置文字格式】:包含文本的样式列表以及用于更改格式、对齐方式、大小、颜色、项目符号的工具。

◆【设置形状格式】:包含线条和填充的样式列表以及用于阴影、布局、组合、堆叠顺序和旋转的工具。

◆【视图】:显示或隐藏网格、辅助线和连接点。

2）自定义工具栏

单击【视图】菜单【工具栏】子菜单中的【自定义】命令，可以打开自定义工具栏对话框，选择该对话框中的【工具栏】选项卡，如图 6-4 所示。

图 6-4　自定义工具栏

（1）显示隐藏工具栏

在选项卡中，对于需要使用的工具栏，在工具栏列表中选中，该工具栏就会出现在 Visio 2007 的工具栏列表中。若要隐藏一个工具栏，只需单击已被选中的、想要隐藏的工具栏，取消选择即可。也可在 Visio 2007 的工具栏上单击鼠标右键来进行，如图 6-5 所示。

（2）创建自定义工具栏

在选项卡中单击右侧的【新建】命令，在弹出的【新建工具栏】对话框中可以为新建工具栏命名，如图 6-6 所示，对于选中的自定义的工具栏，单击右侧的【删除】按钮即可删除该新建工具栏。

（3）向自定义栏添加工具

和添加菜单的方法类似，在【自定义】对话框中选择【命令】选项卡，选项卡中左侧显示的是命令列表，右边显示每个类别的具体命令，对于需要添加的命令，选中后将其拖入新建工具栏中，完成工具的添加。

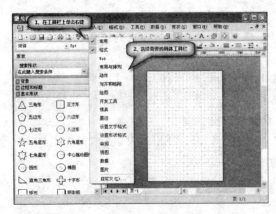

图 6-5　通过快捷菜单自定义工具栏

图 6-6　新建工具栏

3）调整工具栏

（1）移动工具栏

对于需要移动的工具栏，鼠标指向该工具栏，当出现四向指针后就可以通过拖动工具栏的方式调整工具栏的排列顺序、位置,也可以将其从工具栏中拖出,让它"浮动"在窗口上,"浮动"窗口的优点是可以移动到鼠标到达的每一个地方,并且可以根据需要调整大小。

(2)还原工具栏

对于已经调整位置的工具栏,如果想让它恢复到最初的固定位置,只需双击该工具栏的标题栏即可。

(3)将多个工具栏放在同一行

单击 Visio 2007 工具栏上的【工具栏选项】按钮,在弹出的下拉菜单中选择【在一行内显示按钮】,可将多个工具栏并排放到同一行上,如图 6-7 所示。

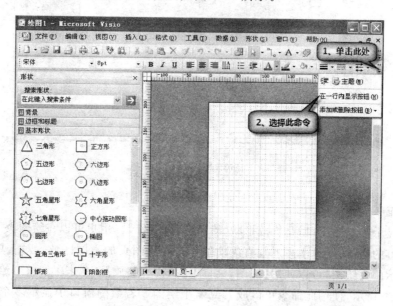

图 6-7　将多个工具栏放同一行

3. 形状窗口

形状窗口中显示的是当前模板中的模具及具体形状,集中了 Visio 2007 的大部分操作,如图 6-8 所示,显示的就是【常规】模板类别中【基本框图】模板【基本形状】模具中的形状。在默认情况下,形状窗口位于左边的侧分栏,模具以选项卡的形式在形状窗口显示,可以通过单击选项卡来选择形状,打开模具的标题栏,将需要的形状拖动到屏幕上。

1)设置形状窗口

◆ 增加一个模具:在【文件】菜单选择【形状】子菜单,然后选择类别和想要的模具。

◆ 改变大小:可以通过调整形状窗口和绘图窗口的垂直分割线调整形状窗口的大小。

◆ 改变形状的显示方式:在形状窗口的标题栏中单击右键,在弹出的快捷菜单【视图】中选择要显示形状的方式即可。

◆ 隐藏形状窗口:单击形状窗口右上角的【关闭】图标,或在 Visio 2007 的【视图】菜单中取消对【形状窗口】的选择即可。

2)自定义模具

单击【文件】菜单【形状】中【我的形状】命令,然后选择自定义模具对应的菜单选项即可在形状中显示自定义模具,形状窗口还提供了操作形状的多种选择,可以在自己喜欢的形状上右击,在弹出的菜单中选择【添加到我的形状】,可以将形状存储到自定义模具中。

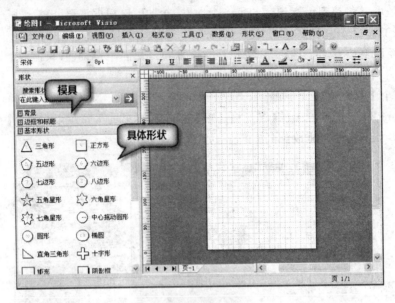

图 6-8　形状窗口

4. 绘图窗口

　　绘图页显示在绘图窗口,是拖放形状、绘制图片的区域。用户可以在绘图页中增加形状或修订所画内容的格式,通过水平或垂直滚动条来查看绘图页的不同区域。对于单个绘图页不能一次性显示的大绘图,可以使用【视图】菜单中【扫视和缩放】命令来了解整个绘图的全貌,其界面如图 6-9 所示,使用此命令可以放大或缩小绘图。若绘图窗口中显示多个绘图页,则可以通过在绘图窗口的底部选择页的标签来查看另外的绘图页。

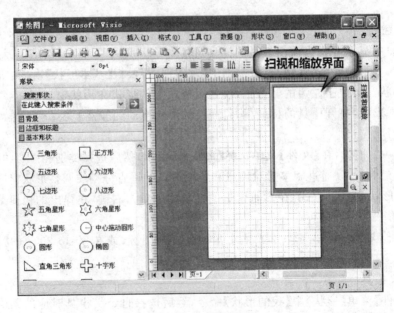

图 6-9　扫视和缩放

在绘图页中,可以利用绘图网格和标尺对形状进行定位和编排,通过【视图】菜单中的【网格】和【标尺】命令对视图和网格进行隐藏或显示。标尺的单位要根据绘图的类型和所用的比例尺度进行修改,在【工具】菜单中选择【选项】命令,在【单位】选项卡单击【更改】按钮来选择想要的单位,如图 6-10 所示。

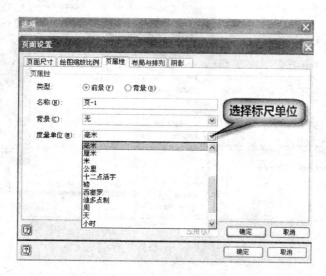

图 6-10　标尺单位的更改

6.2　图表的基本操作

6.2.1　模具的操作

在 Visio 2007 左侧的形状窗口中,双击模板类别中的模板,就会显示选中模板的模具。模板能够打开包含了若干形状的模具,在制作特定类型的图表中,能够使用这些模具中的形状来快速高效地完成绘图。

1. 模具的打开

在选择一个模板时,属于整个模板的模具以选项卡的形式显示在左侧窗口。但在用某一模板绘图时,难免会用到其他模板的模具,需要将其添加到当前形状窗口,其方法如下:

在【文件】菜单选中【形状】子菜单,如图 6-11 所示,在显示的模板类别菜单中选择需要的模具,单击该模具即可将该模具添加到形状窗口的当前模板中使用了。

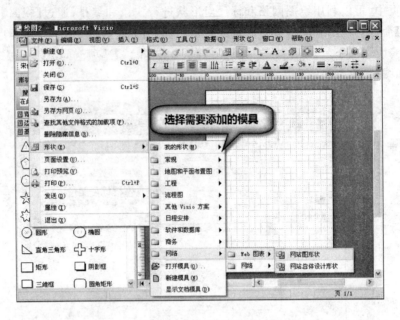

图 6-11　添加模具

2. 模具的调整

在需要的时候,模具可以当做一个独立窗口拖出形状窗口,把它停靠在 Visio 2007 的任意位置及边框上,也可以当做"浮动"窗口浮动在 Visio 2007 窗口上,图 6-12 所示为【基本形状】模具显示在绘图页中。

3. 模具的关闭

对于不需要的模具窗口,用户可以暂时关闭以节省空间,在模具选项卡上单击鼠标右键,在弹出的快捷菜单中选择【关闭】即可关闭当前模具。

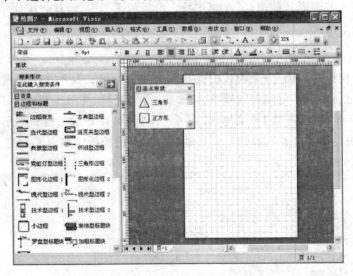

图 6-12　模具的调整

6.2.2　图表的创建

图表的创建有多种方法,其中最常用也是最方便的方法就是使用 Visio 2007 自带的覆盖了各式各样图表的模板来创建。

1. 模板的优点

Visio 2007 模板能够对许许多多的图表进行管理,方便用户进行图表的绘制。当模板中不提供需要的形状时,许多模板可以在线通过 Microsoft Office online 或其他网站快速获得。模板还能够在用户建立图表的时候自动完成设置绘图选项和打开合适的形状模具集合。

2. 创建的方法

在 Visio 2007 的菜单栏中,单击【文件】菜单【新建】中的【入门教程】命令,如图 6-13 所示,入门教程屏幕能够提供对模板及最近打开的类似文档进行快速访问。在左侧的形状窗口中, Visio 2007 将显示模板类中形状的缩略图,选择一种绘图类型,选择需要的模板,单击【创建】按钮,Visio 2007 就会创建一个基于所选模板的绘图文件,在展开的模具选项中,将要用的形状拖放至绘图页中即可进行图表的创建。

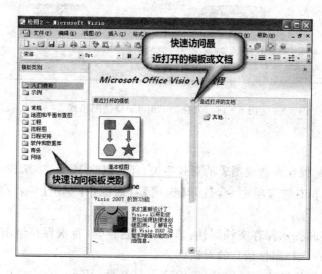

图 6-13　通过入门教程快速访问

6.2.3　图表的保存

1. 保存 Visio 文件

对于创建的图表,要养成保存文件的习惯,及时地保存可以防止绘图文件的丢失。文件的保存可以通过以下几种方式来实现:

(1)单击【文件】菜单中的【保存】命令。

(2)使用快捷键"Ctrl+S"。

(3)单击工具栏上的【保存】图表。

如是首次保存 Visio 文件,会弹出【另存为】对话框,选择保存位置、设置保存的文件名及保存类型后,单击【保存】按钮。

2. 转换格式保存

Visio 2007 中,文件可以多种格式进行保存,下面以另存为 AutoCAD 绘图格式为例进行说明,如图 6 - 14 所示。

(1)单击【文件】菜单中的【另存为】命令,打开【另存为】对话框。

(2)选择文件需要保存的位置,在"文件名"文本框中输入绘图文件的名称。

(3)在【保存类型】下拉框中选择 AutoCAD 绘图格式,单击保存按钮完成保存。

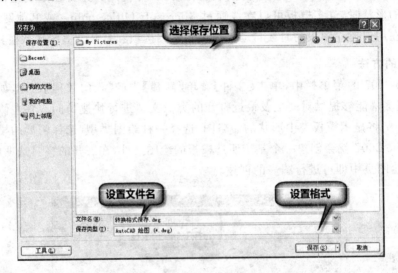

图 6 - 14　另存为 AutoCAD 绘图格式

3. 保存设置

为了防止未及时保存而造成图表的意外丢失,还可以将 Visio 2007 设置为自动保存,其方法是单击【工具】菜单中的选项命令,打开【选项】对话框,并单击【保存/打开】选项卡,如图 6 - 15所示。

◆ 第一次保存时提示保存文档属性:选中该复选框,在首次保存绘图文件时,Visio 2007 会自动弹出可以保存文档属性信息的对话框。

◆ 每隔 x 分钟保持自动恢复信息:选中这个复选框,Visio 2007 会在指定的时间间隔内自动保存绘图文件,间隔频率设的越高,在出现类似于电源故障等问题的情况下,用户所能恢复的绘图文件内容越多。

◆ 默认文件格式:在保存绘图文件时默认的保存格式,可以在【另存为】对话框的【保存类型】下拉框中设置保存为其他格式。

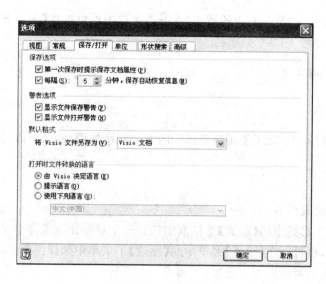

图 6-15　动保存设置

6.2.4　图表的打开

1. 打开绘图文件

Visio 2007 提供了多种方法来打开绘图文件,打开一个或多个文件,其方法主要有:

(1)在【文件】菜单中单击【打开】命令,在弹出的打开对话框中选择需要打开的文件,若需要打开多个文件,只需按下 Ctrl 键的同时,单击每个要打开的文件,然后单击【打开】按钮,选择多个文件的方法在其他打开方式中类似。

(2)使用"Ctrl+O"快捷方式打开绘图文件。

(3)单击 Visio 2007 工具栏上的【打开】按钮。

2. 打开最近使用的文件

通过最近使用的文档,可以快速打开最近使用过的绘图文件,其方法主要有:

(1)入门教程屏幕能够提供对模板及最近打开的类似文档进行快速访问。在 Visio 2007 的菜单栏中,单击【文件】菜单【新建】中的【入门教程】命令,单击待打开文件的缩略图。

(2)在弹出的【打开】对话框中,单击左侧的【我最近的文档】可以查看最近的访问。

(3)在【文件】菜单中底部显示了许多最近打开过的文档,单击需要打开的文件名即可。

3. 打开其他格式的文件

Visio 2007 支持绘图、模具、模板、工作区、SVG、AutoCAD、GIF、JPG、TIF、BMP、WMF 等格式的文件,在【打开】对话框中的【文件类型】下拉列表中选择想要打开的文件类型,然后定位文件所在的文件夹,单击【打开】按钮即可。

图 6-16　其他方式打开

4. 其他方式打开绘图文件

在对于选中的打开文件,除了打开原始文件这种方式外,Visio 2007 还提供了副本方式打开和只读方式打开两种方式,如图 6-16 所示。在弹出的【打开】对话框中,单击【打开】按钮右边的箭头,在下拉菜单中可以选择【副本方式打开】和【只读方式打开】打开绘图文件。

6.2.5　图表的查看

1. 移动图表

在图表的查看过程中,除了使用拖动鼠标的方式移动绘图外,还可以使用方向键和滚动条改变绘图的位置。

2. 缩放图表

1)按显示比例缩放图表

在 Visio 2007 工具栏中的【缩放】下拉框中选择一个显示比例或命令是最常用的增大或缩小绘图显示的方法,也可以在【视图】菜单中的【缩放】子菜单中选择需要的缩放比例,或者单击【缩放】命令,在弹出的对话框中完成操作,如图 6-17 所示。

图 6-17　缩放比例对话框

2)缩放绘图页

扫视和缩放是查看图形最常用的方式,使用【扫视和缩放】窗口可以方便、快捷地缩放绘图页的局部绘图区,既可以查看图表的总体图片,也可以看其近处特写,其打开方法在前面已经介绍过,其操作方法如下:

◆ 放大和缩小:可以通过拖动【扫视和缩放】窗口右方的滑块来放大或缩小绘图页。

◆ 改变缩放区大小:在缩放比例不变的情况下可以通过调整红色轮廓框的大小来改变缩放区的大小。

◆ 缩放特定区域:在【扫视和缩放】窗口中选择并拖动红色轮廓框,可以改变缩放区的位置,重新定位缩放区。

3)鼠标滚动和缩放图表

在 Visio 2007 绘图窗口中前后滚动鼠标滚轮可以向上或向下滚动绘图页,若按住 Ctrl 键再前后转动鼠标滚轮可以放大或缩小绘图。

3. 转到其他页

对于多页绘图,要在各个绘图页之间进行跳转有多种方法,其中最常用的是在窗口底部单

击要转到的页面的页标签来完成绘图页的跳转,还可以按住 Ctrl 键,通过按 PageDown 和 Page-
Up 来实现下一页和上一页的跳转,或右击相应的绘图,单击【转到页面】后选择所需的页面。

4. 其他方式查看图表

如果系统没有安装 Visio 2007,可以使用 Visio Viewer 查看绘图。Visio Viewer 实际上
就是 IE 浏览器(Internet Explorer)上的 ActiveX 控件,已被集成到 IE7.0 以上的版本中了,在
没有安装 Visio 的机子上,该控件在打开 Visio 绘图文件时自动运行。在启动 IE 浏览器后直
接将绘图文件拖入浏览器窗口即可进行查看,也可以在【文件】菜单中选择【打开】命令,在弹出
的【打开】对话框中找到相应的绘图文件并打开。

6.3　图表的绘制

6.3.1　形状的选择

1. 选择手柄

形状具有多种手柄,可以通过拖动手柄来修改形状的外观、位置或方式,也可以使用手柄
将一个形状粘附到另一个形状、移动形状的文本更改弧线曲度和对称等。在介绍如何选择形
状之前,首先需要了解什么是“选择手柄”。所谓选择手柄,是以矩形形状围绕在形状周围的八
个绿色小方块,如图 6-18 所示,可以使用它们调整形状的大小。

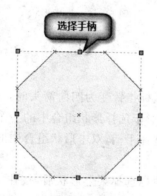

图 6-18　形状的选择手柄

2. 选择合适的形状

Visio 2007 绘图是由形状和形状之间的连接组成的,若没有符合需要的合适图形,就无法
完成一个绘图任务。Visio 2007 有常规、地图和平面布置图、工程、流程图、日程安排、软件和
数据库、商务、网络等绘图类型解决方案,每一个类别的解决方案对应不同的模板。

1)从模具中选择

一般情况下,所用的模板能够打开包含了适合形状的一个或多个模具。在新建一个模板
类型的绘图文件时,相关的模具随着模板一起打开,对于需要的形状从模具中拖放至绘图即可
完成。前面已介绍如何添加新的模具或自定义模具,在此不再重复叙述。

2)使用已有形状

很多公司或行业会开发用于自身特殊需求的特性模具,若在这些自定义模具中正好有你所需要的,可以将其文件(带有.vss 或.vsx 扩展名)拷贝到【我的文档】下的【我的形状】中,然后单击【文件】菜单【形状】中的【我的形状】,选择拷贝过来的模具即可。

3)搜索形状

Visio 2007 的搜索功能能够快速查找和定位所需要的一些模具,搜索范围是计算机中内置模具、自定义模具或网络上的模具,其方法是按关键字搜索形状,在【搜索形状】的文本中输入一个或多个关键字,然后单击绿色的右箭头,Visio 2007 在完成搜索后会创建一个搜索结果模具,其中包含所找到的形状。如图 6-19 所示为搜索关键字"连接线"的结果。

图 6-19　搜索形状

3.添加选择的形状

1)选择单个形状

将鼠标指针移向该图形,当鼠标指针变为四向箭头时,单击左键即可选中该形状,同时形状的四周出现绿色的选择手柄。对于选择形状组合中的一个形状,应先单击选中该形状组合,然后单击选择目标形状,显示其选择手柄,双击形状组合中的目标形状也能选中单个形状。

2)选择多个形状

若要选择多个形状,在单击鼠标选择某个形状后,按住"shift"键的同时,依次单击其他需要选择的形状,选择的形状呈红色轮廓(第一个图形高亮且轮廓较粗),Visio 2007 自动为所选的形状组合增加手柄,如图 6-20 所示。

3)选择绘图区一个矩形区域内形状或全部图像

使用鼠标键在需要选择的形状周围拖出一个矩形框,矩形框内的所有形状将被选中。单击【编辑】菜单中的【全选】命令,或按"Ctrl+A"快捷键即可选中绘图区的所有形状,每个被选中的形状都会出现红色的轮廓线。

4)按类型选择形状

单击【编辑】菜单中的【按类型选择】命令,打开如图 6-21 所示对话框,在【选择方式】选项栏中点选【形状类型】按钮,然后再选择对象类型。

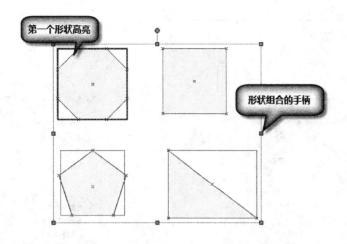

图 6 - 20 多个形状的选择

图 6 - 21 按类型选择

6.3.2 形状的调整

1. 形状的移动、旋转及大小调整

1)移动形状

在绘图过程中经常需要移动形状进行位置的调整,对于选中的形状,最常用的方法是将鼠标移动到形状的内部,当出现四向箭头时,拖动形状到一个新的位置即可。在形状移动的过程中,形状的水平和垂直位置以虚线在标尺上标记,垂直标尺上标记形状顶点、中间和底部三个位置,水平标尺上标记形状的左、中、右三个位置。当需要精确移动形状时,可以通过四个方向键进行微调,按住"Shift"键再使用方向键微调时幅度会更小。

2)旋转形状

当选中一个形状或形状组合时,其周围会出现八个选择手柄和一个旋转手柄,拖动旋转手柄即可对形状进行单位为 15°的旋转操作,如图 6 - 22 所示。也可在选定的形状或形状组合后通过【旋转】菜单的【旋转或翻转】,进行旋转或翻转操作,如图 6 - 23 所示。

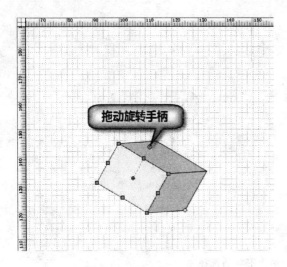

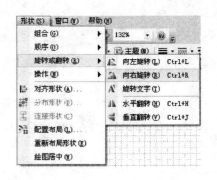

图 6－22　使用用旋转手柄　　　　　　　图 6－23　使用菜单命令旋转

3）调整形状大小

　　若形状大小不符合要求,在 Visio 2007 中可以通过选择手柄调整形状的大小,拖动位于边线中间的选择手柄,可以调整形状的高度或宽度,而端点上的选择手柄则可以按比例的改变形状的大小。对于需要精确调整的形状,在【视图】菜单中单击【大小和位置】子菜单,打开如图6－24所示窗口,在相应的位置中输入形状的宽度和高度的精确值即可精确地调整形状大小。

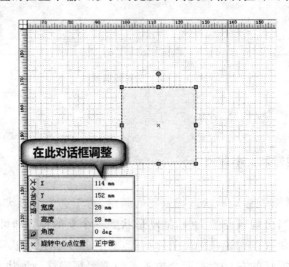

图 6－24　精确调整形状大小

2. 形状的对齐、排列、分布与层叠

1）对齐和排列形状

　　对于单个形状,可以通过网格和标尺垂直或水平对齐形状,但在需要对多个形状进行对齐和排列时,逐个定位形状的方法无法满足要求,Visio 2007 中的【对齐形状】工具可以有效解决这个问题,其步骤如下:

　　（1）选择多个需要排列的形状或形状组合（形状的选择方法如前所述）。

　　(2)单击【形状】菜单中的【对齐形状】命令,打开【对齐形状】对话框,如图 6-25 所示。

　　(3)单击该对话框中的对齐按钮对齐形状。【垂直对齐】选项中包括顶端对齐、居中对齐和底部对齐,【水平对齐】选项中有左端对齐、居中对齐和右端对齐三种。

　　2)形状的分布

　　和对齐排列形状类似,在 Visio 2007 中,通过【形状】菜单中的【分布形状】选项,可以使形状分布在绘图中,其具体操作方法如下:

　　(1)选择想分布的形状(至少要选择三个形状)。

　　(2)单击【形状】菜单中的【分布形状】命令,或单击【动作】工具栏中的【分布形状】按钮,打开【分布形状】对话框,如图 6-26 所示。

　　(3)在【水平分布】和【垂直分布】区域选择想要的相应的分布方式。【水平分布】选项包括左右等边距分布、左边线等距分布、左右等中心分布和右边等距分布四种,【垂直分布】选项有上下等边距分布、上边线等距分布、上下等中心距分布和下边线等距分布。

图 6-25　对齐形状

图 6-26　分布形状

3. 形状的层叠

　　在绘制图表的时候往往需要有两个或多个形状进行重叠与遮盖,默认情况下,后移动往覆盖区的形状能够覆盖原先的形状,Visio 2007 提供的调整堆叠层次的方法如下:

　　对于选中的形状,打击【形状】菜单中的【顺序】命令,弹出的子菜单包括上移一层、下移一层、置于顶层、置于底层四个命令。

6.3.3　形状的连接

1. 连接符简介

　　连接符就是线性的线条,线条的每一端连接一个形状,无论连接符的格式有多么精美,都可归结为 Visio 2007 中用来显示二维形状间关系的一维形状。连接符有起点和终点,起点和终点标识了形状间连接的方向,当连接符连接到形状上后,无论如何移动或调整形状,连接符都会自动保持这些形状的连接。

　　(1)直接连接符。直接连接符是连接形状的直线条,可以通过拉长、缩短以及改变角度来保持形状间的连接,直接连接符在使用过程中会跨越路径上的形状。

　　(2)动态连接符。动态连接符在使用过程中能够避免跨越形状进行连接,还能够自动地弯曲、拉伸及绕过形状。默认情况下,动态连接符以直角弯曲来绕过形状,通过改变动态连接符的直角顶点,可以改变其连接路径,弯曲的动态连接符则需要通过拖动控制点和离心率手柄来改变形状。

2. 自动连接形状

自动连接能够将绘图中的形状与其他绘图相连接并将相互连接的形状进行排列，还能加快多次往绘图中拷贝一个形状的速度，是 Visio 2007 新增特性。

在 Visio 2007 中，在已经存在其他形状的绘图中，选中模板中需要添加的形状，指针落在想要连接的形状的顶部。如图 6 - 27 所示，把蓝色箭头上方的指针定位到想要连接的那一侧，Visio 2007 就会自动添加该形状并且排列好。对于绘图中已经存在的两个相邻形状，单击形状间的蓝色自动连接箭头也可以自动连接它们。

使用自动连接还可以快速完成添加多个同样的形状并自动连接。在自动连接好第一个需要多次添加的形状后，只需单击另外绘图形状的蓝色自动箭头即可增加多个拷贝。

3. 使用连接线工具

通过连接线工具，可以简单快捷地连接形状。对于两个需要连接的形状，连接线的粘附类型可以是点对点，也可以是形状对形状。连接线的创建方法如下述：

(1)选择连接线工具，如图 6 - 28 所示。

(2)在绘图页中，将鼠标移动到形状的连接点上方或形状上方，此时连接点或形状会被红色的边框包围。

(3)按下鼠标左键，创建连接线。

(4)将鼠标拖向另一个形状的连接点或形状上，待其连接点或形状被红色边框包围，释放鼠标，这样就可以创建粘附类型为点对点或形状对形状的连接线。

图 6 - 27　自动连接添加的形状

图 6 - 28　连接线工具

4. 使用连接形状工具

连接绘图页中的多个形状还有一种简单方法,就是使用【动作】工具栏上的【连接形状】工具,如图 6 - 29 所示,使用方法如下:

(1)按住 Shift 不放,依次单击绘图页中需要连接的形状。

(2)单击【动作】工具栏中的【连接形状】工具,建立连接。

(3)若对已建立的连接不满意,可以通过拖动连接线端点的方法改变连接。

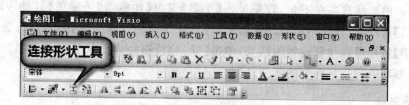

图 6 - 29　连接形状工具

5. 使用模具中的连接符

对于一些特定类型的绘图,需要所用的连接符能够形象传递此类形状的特点和信息,这时候就可以是模具中的连接符来连接形状,使用方法如下:

(1)选择【文件】菜单【形状】子菜单,单击【其他 Visio 方案】中的【连接符】命令,这是连接符模具将显示在形状窗口中,如图 6 - 30 所示。

(2)将需要使用的连接符拖放至绘图页面上。

(3)对于静态连接符,拖动连接符的端点到需要连接形状的连接点。

(4)如果是动态连接符,拖动连接符的端点到所需连接的形状的内部。

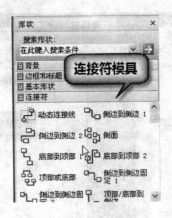

图 6 - 30　模具中的连接符

6.3.4　形状的复制和删除

1. 复制形状

(1)选中所需要复制的形状,单击【编辑】菜单中的【复制】或按"Ctrl＋C",然后选择目标绘图页,在绘图页中单击【编辑】菜单中的【粘贴】或使用"Ctrl＋V"快捷键,即可完成形状的复制。

(2)按住"Ctrl"键的同时,用鼠标指针拖动形状到绘图页中的指定位置即可完成图形的复制。若需要在不同绘图页中复制,应先把图形拖动至目标绘图页的页面标签上,等绘图页显示后拖到指定位置即可。

(3)若需要多次拷贝同一个形状或形状组来创建一个等间距规律排列的绘图,可以使用【形状排列】命令快速完成,其方式如下:

将要复制的形状放在左下角,首先单击【工具】菜单【加载项】子菜单【其他 Visio 方案】中的【排列形状】命令,打开【排列形状】对话框,设置好队列的行间距、列间距及行数和列数。然后单击【应用】按钮可以预览设置的结果,单击【确定】按钮完成形状队列的复制。图 6 - 31 所示为对圆形形状进行三行四列的队列复制。

2. 删除形状

(1)选定一个或多个需要删除的形状,按"Delete"键即可。

(2)选定一个或多个需要删除的形状,单击工具栏上的【删除】按钮。

(3)选定一个或多个需要删除的形状,单击工具栏上的【剪切】按钮或按下"Ctrl＋X"快捷键,也可删除形状并将其移至剪贴板。

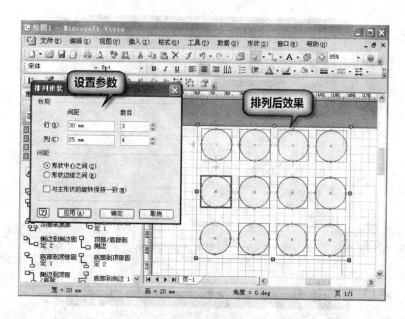

图 6 - 31　使用排列形状命令复制形状

6.3.5　形状的格式

1. 设置形状的线条格式

设置形状线条格式的方法如下：

(1)选择需要改变线条格式的形状。

(2)单击【格式】菜单中的【线条】命令，或在形状上右击，在弹出的快捷菜单中选择【格式】中的【线条】命令，打开【线条】对话框如图 6 - 32 所示。

(3)在【图案】、【粗细】、【颜色】、【线端】等下拉框中设置好形状的线条样式，单击【确定】按钮完成线条格式的设定。

2. 设置形状的填充颜色、图案和阴影

设置形状的填充颜色、图案和阴影的方法如下：

(1)选择需要设置的形状。

(2)单击【格式】菜单中的【填充】命令，或者在形状上右击，在弹出的快捷菜单中选择【格式】中的【填充】命令，打开【填充】对话框，如图 6 - 33 所示。

(3)在【填充】选项区设置好形状的颜色、图案、图案颜色及透明度，在【阴影】选项区可以设置阴影的样式、颜色及图案的类型和颜色。

(4)单击【确定】按钮，关闭【填充】对话框，完成设置。

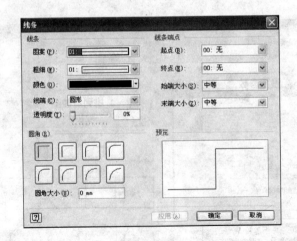

图 6 - 32　设置形状的线条格式

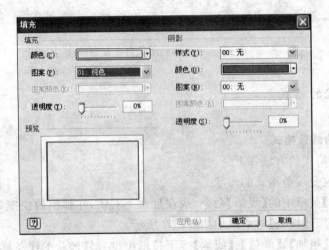

图 6 - 33　设置形状的颜色及图案

6.3.6　图表背景的更改

1. 创建背景页

　　背景页是出现在其他页面后的页,其用处非常多,将绘图页中每一页需要显示的共同元素、日期、徽标等信息加入背景页,创建背景,可以极大地方便绘图。

　　(1)单击【插入】菜单中的【新建页】命令,或在绘图页的页标签上单击鼠标右键,在弹出的快捷菜单中选择【插入页】,打开页面设置对话框,如图 6 - 34 所示。

　　(2)在【类型】中选择【背景】单选框,输入新建背景页的名称。

　　(3)单击【确定】按钮,完成工作。

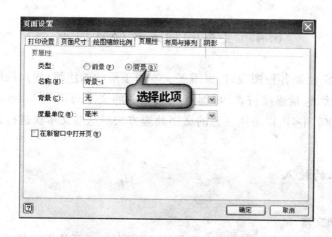

图 6 - 34　创建背景页对话框

2. 设计背景页

Visio 2007 提供了大量预定义背景形状,只需要在背景模具中将所需要的背景形状拖放至绘图页即可,Visio 会自动把它当成背景页。如果背景模具没有打开,选择【文件】菜单中的【形状】子菜单,单击【其他 Visio 方案】中的背景命令即可。若对背景设计不满意,可以在页面标签中切换到背景页,选择需要删除的背景设计,按"Delete"键即可。

3. 删除背景页

(1)在需要删除背景的绘图页中单击【文件】菜单中的【页面设置】命令,在弹出的对话框中选择【页属性】选项卡,如图 6 - 35 所示,在【背景】下拉框中选择【无】后按【确定】退出。

(2)在背景标签页上右击,在弹出的快捷菜单中选择【删除页】命令。

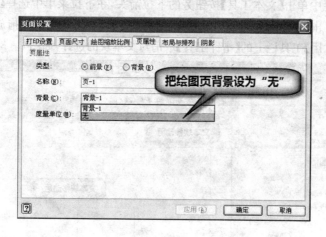

图 6 - 35　取消绘图页背景

6.4　文本的输入及格式设置

在用 Visio 2007 绘制各种图表时,也需要文本用于形状的注解、附加的描述及独立的说明等。所有 Visio 形状,包括连接符在内,都有与之关联的文本块。与 Microsoft Office 其他软件类似,在 Visio 2007 中,可以采用熟悉的文字处理方法对这些文本块进行编辑、移动、旋转或格式化。

6.4.1　文本的输入

1. 为形状添加文本

(1)双击需要添加文本的形状或选中形状后按"F2"键,激活该形状的文本框。

(2)在文本框中输入文字。

(3)鼠标单击一下文本框的外面或按"Esc"键完成文本的输入。

2. 创建独立文本形状

(1)单击【常用】工具栏上的【文本工具】,在绘图页中拖动鼠标或者在需要添加文本框的地方双击,创建一个矩形文本框。

(2)在文本框中输入文本,单击文本框外面或按"Esc"键完成输入。

6.4.2　文本块的调整

1. 移动文本块

在【常用】工具栏中单击【文本工具】按钮旁的下拉箭头,在下拉菜单中选择【文本块工具】,在需要移动的文本块上单击鼠标左键,待周围显示绿色虚线矩形框后,将文本块拖放到新的位置上,释放鼠标左键,单击【常用】工具栏上的【指针工具】取消对文本块的选择,如图 6-36 所示。

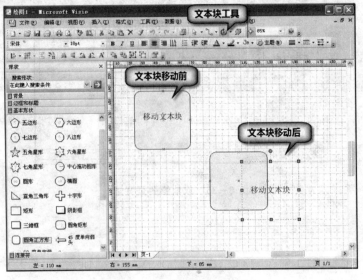

图 6-36　移动文本块

2. 调整文本块的大小

可以通过调整文本块大小来获得自己满意的文本框长度或宽度,其方法和移动文本块类似,在文本块被绿色虚线矩形包围后,拖过拖动文本块边框上的手柄,调整文本块大小,单击【常用】工具栏上的【指针工具】取消对文本块的选择。

3. 旋转文本块

有一些图形有的边并非是水平的,这时可以通过旋转文本块使其文字内容与形状相匹配,方法如下:

(1)在【常用】工具栏中选择【文本块】工具。

(2)选择需要旋转的文本块,拖动旋转手柄,按需要的方向进行旋转,必要时可以将文本块进行移动以更好地匹配形状。

(3)释放鼠标左键,单击【常用】工具栏上的【指针工具】取消对文本块的选择。

4. 为独立文本块添加边框

在绘图过程中,为了使文本块更加显眼或美观,可以通过给文本块设置边框来实现,其方法如下:

(1)在文本形状上单击鼠标右键,在弹出的快捷菜单中选择【格式】中的【线条】命令,打开【线条】对话框。

(2)设置好图案、粗细、颜色、线端及透明度等参数。

(3)可以通过预览框预览边框样式,单击【确定】完成。

6.4.3 格式的设置

1. 设置段落格式

在 Visio 2007 中,可以很方便地为文本中的文字设置段落格式,其方法如下:

(1)在【常用】工具栏中选择【文本】工具,在文本块或文本形状中选择需要设置格式的文本。可以是全部,也可以是部分文本。

(2)单击【格式】菜单中的【文本】命令,或在选中的文本上右击,在弹出的快捷菜单中选择【设置文字格式】,打开如图 6-37 所示【文本】对话框。

(3)单击【段落】选项卡,设置缩进、间距等参数,单击【确定】按钮完成设置。

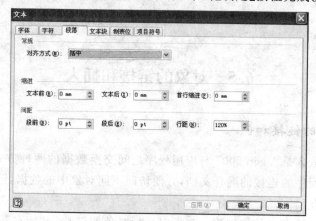

图 6-37　设置段落格式

2. 设置文本格式

1）字体、字号及颜色

选中需要改变格式的文本，单击【格式】菜单中的【文本】命令，打开如图 6 - 37 所示对话框，单击字体选项卡，在【字体设置】可以设置文字的字体及大小，在【常规】中可以设置文字的颜色，也可以直接通过工具栏上的【格式】工具栏直接修改文字的字体、大小、颜色等属性。

2）字符格式

在【文本】对话框中，单击【字符】选项卡，在【间距】选项栏中可以更改字符的缩放比例及间距。

3）使用格式刷设置文字

和 word 一样，在 Visio 2007 中，可以使用【格式刷】将一部分文字的格式应用于其他文字，或将一个文本中的格式应用于其他文本。在【常用】工具栏中选择【文本工具】，然后选择你所需复制格式的文本，单击【常用】工具栏上的【格式刷】工具，待鼠标变成刷子状后单击所需设置格式的文本块，完成格式设置。

4）形状和绘图中的文本格式

在【文本】对话框中单击【文本块】选项卡，打开页面如图 6 - 38 所示。在此页面中可以设置文本块的对齐方式和上下边距以及背景灯参数。

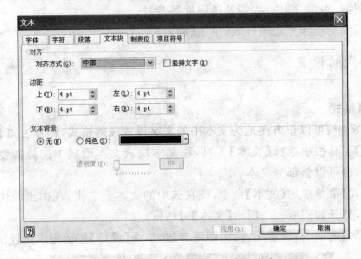

图 6 - 38　设置文本块中文本的格式

6.5　对象的链接和插入

6.5.1　对象的链接和嵌入

对象的链接和嵌入是 Visio 2007 与应用程序之间交换数据的两种方式，它允许用户创建带有指向其他应用程序的连接的混合文档，方便访问不同对象中的数据，链接和嵌入的主要区别如下：

链接对象就是在绘图文件中创建一个指向目标对象的链接，其特点是文件中链接对象信息随着被链接对象的更改而更改,由于被链接对象实际并不在文件中,所以采用链接对象方式的文件大小较小。

而嵌入对象则是把源文件的复制嵌入绘图文件中,采用这种方式的文件一般比较大,源文件的更改或更新不影响文件中的对象信息。

1. 链接对象到 Visio 绘图

将其他对象链接到 Visio 绘图,其方法如下:

(1)打开需要添加链接的绘图文件,选择【插入】菜单中的【对象】命令。

(2)在弹出的【插入对象】对话框中选择【从文件创建】选项,其界面如图 6-39 所示,如果想将对象显示为图标而非内容,还可以选择【显示为图标】复选框。

(3)在【插入对象】对话框中选择【链接到文件】复选框。若不勾选此复选框,对象将被嵌入到绘图中。

(4)单击对话框中的【浏览】按钮,找到需要链接到 Visio 绘图中的文件,单击【打开】按钮。

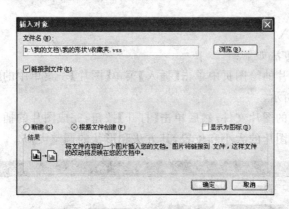

图 6-39　链接对象

2. 嵌入对象

除了在绘图中链接对象外,还可以将对象嵌入到绘图中。对象一旦被嵌入,就成为该绘图文件的一部分,并且不依赖于其他外部文件。这样的话,嵌入的对象就不会像链接的对象那样受到源文件变化的影响。

1)嵌入整个对象

嵌入整个对象和在绘图中链接对象步骤基本是一样的,只是在【插入对象】对话框中不勾选【链接到文件】对话框即可。

2)嵌入对象的部分内容

如果只想嵌入某个对象的部分内容,如单个页文字、一张图片或者表格等,其步骤如下:

(1)打开对象文件并选择需要嵌入的那部分内容。

(2)使用"Ctrl+C"快捷键复制想嵌入到绘图文件中的内容。

(3)单击 Visio 2007 中【编辑】菜单中的【选择性粘贴】命令,打开如图 6-40 所示对话框。

(4)选择【粘贴】单选按钮中,在【作为】对话框中选择复制对象的类型。

(5)单击确定按钮,被复制的对象内容就出现在绘图文件中。

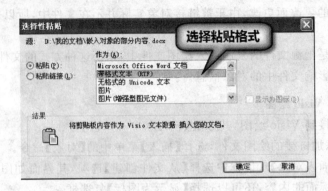

图 6-40　选择性粘贴对话框

6.5.2　图形类对象的插入

1. 图形文件的插入

图形文件的插入方法如下：

(1)在需要插入图片的绘图页中单击【插入】菜单【图片】子菜单中的【来自文件】命令，打开的对话框如图 6-41 所示。

(2)选择需要插入的图片文件，然后单击【打开】按钮，完成图片的插入。

(3)根据需要调整图片的大小和位置，其方法和形状的调整类似。

图 6-41　插入图片对话框

2. 剪贴画的插入

剪贴画的插入方法如下：

(1)在绘图页中单击【插入】菜单【图片】子菜单中的【剪贴画】命令，打开的剪贴画对话框如

图 6 - 42 所示。若该组建没有默认安装,系统会自动提示安装,此过程可能还需用到安装光盘。

(2)在【搜索文字】文本框中输入描述所需插入剪贴画的关键字或短语,如图 6 - 43 所示,此处输入的搜索内容是"汽车"。

图 6 - 42　插入剪贴画对话框　　　　图 6 - 43　搜索"汽车"剪贴画结果

(3)可在【搜索范围】下拉框中选择搜索的范围,如"Office 收藏集"、"Web 收藏集"。在【结果类型】下拉框中可以对搜索结果进行进一步筛选,指定想要文件的格式,共有"剪贴画"、"照片"、"影片"、"声音"四种。

(4)在【结果】列表中单击剪贴画可将其插入。

6.5.3　声音的插入

声音或视频剪辑的插入方法和对象的链接和嵌入方法类似,其方法简单介绍如下:

(1)在绘图页中单击【插入】菜单中的【对象】命令,打开【插入对象】对话框,选择【根据文件创建】按钮。

(2)单击【浏览】按钮,找到音频文件,若想创建为链接对象,勾选【链接到文件】复选框,若想嵌入则不勾选此选项。

(3)单击【确定】按钮完成声音的插入。

6.5.4　CAD 绘图的插入

将 CAD 绘图插入到 Visio 绘图文件中时,绘图页会呈现最后一次保存的 CAD 绘图的空间视图,使用保存在模型空间的 CAD 绘图可以进行缩放比例、扫视和改变大小等操作,把 CAD 绘图插入 Visio 绘图中的步骤如下:

(1)在 Visio 绘图页中单击【插入】菜单中的【CAD 绘图】命令,打开【插入 AutoCAD 绘图】对话框,选择需要插入的 DWG 或 DXF 文件。

(2)Visio 会自动把缩放比例设置成 Visio 页面缩放比例,一般情况下,不需要修改默认属性,单击【确定】按钮,即可完成 CAD 绘图的插入。

6.5.5　超链接的插入

超链接是最简单和最方便的导航手段,其形式有多种,如文本下划线、图标及图形对象等。将鼠标置于超链接上时,鼠标形状会发生改变。单击超链接时,超链接所指向的应用程序会在单独的窗口中打启动,打开文件或网页。

1.页与页之间的超链接

页与页之间超链接的插入方法如下:

(1)在有多个绘图页面的绘图中选择需要插入超链接的页面,并选择一个形状作为导航形状来建立超链接。

(2)单击【插入】菜单中的【超链接】命令,在打开的【超链接】对话框上的【子地址】框边上单击【浏览】按钮,如图6-44所示。

(3)在页的下拉列表中,选择所需要指向的页,在【缩放】下拉列表中可以改变目的页的大小。

(4)在对话框中单击【确定】按钮,完成指向页面的超链接插入。

(5)重复上面的操作,可以在形状上添加其他超链接或多个同类的超链接。

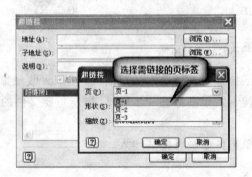

图6-44　连向页面的超链接

2.连向Web页的超链接

连向Web页的超链接的输入方法如下:

(1)在需要添加基于Web超链接的绘图页中添加作为超链接的形状。

(2)选择该形状,单击【插入】菜单中【超链接】命令,打开【超链接】对话框,在【地址】文本框中输入Web页的URL。

(3)在【说明】文本框中输入超链接的说明,单击【确定】按钮完成基于Web页的超链接插入。

(4)若需要插入更多的超链接重复上面步骤即可。

3.连向文件的超链接

连向文件的超链接的插入方法如下:

(1)在需要添加基于文件的超链接的绘图页中添加作为超链接的形状。

(2)选择该形状,单击【插入】菜单中【超链接】命令,打开【超链接】对话框,在【地址】输入想连向文件的路径或单击【浏览】按钮来选择。

(3)在【说明】文本框中输入说明后单击【确定】按钮完成指向文本的链接的插入。若要多次添加此类超链接或其他类型超链接,方法如上所述。

4. 超链接的修改与删除

超链接的修改与删除方法如下:

(1)选择需要修改或删除超链接的页面形状,单击【插入】菜单中的【超链接】命令。

(2)如果形状中包含了多重超链接,在【超链接】对话框底部的列表中选择需要改变的超链接的名称。

(3)进行所需的修改,若需删除,单击【删除】按钮,然后再单击【确定】按钮。

6.5.6　公式的插入

公式的插入方法如下:

(1)在所需插入公式的绘图页中单击【插入】菜单【图片】子菜单的【公式】命令,就可以使用公式编辑器在绘图中编辑需要插入的公式。

(2)关闭公式编辑器,完成公式的插入。若想对公式进行修改,只需在相应的公式上双击鼠标左键,打开公式编辑器即可进行修改。

6.6　图表的打印与输出

6.6.1　图表的打印

1. 设置打印

一般而言,只要执行打印操作就可以获得满意的打印结果,但如果绘图打印纸偏大或偏小,就应该进行必要的打印设置。

1)匹配设置

要想打印绘图,首先需要检查绘图大小和方向是否与打印纸相匹配,在【文件】菜单中单击【页面设置】,打开页面设置对话框如图 6-45 所示,在【打印设置】中设置纸张的大小和方向,在【页面尺寸】中检查绘图大小及是否和纸张匹配。如图 6-46 所示,绘图和纸张相垂直,这是因为打印纸是纵向,而绘图是横向的。在【页面尺寸】选项卡中的【页面方向】选择【纵向】单选按钮,这样绘图与打印纸方向就匹配了,如图 6-47 所示。

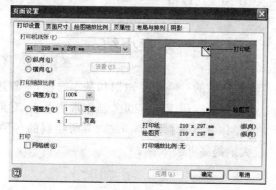

图 6-45　页面设置对话框

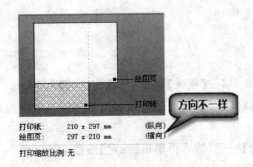

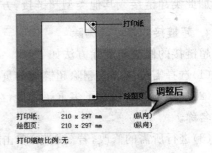

图 6-46　绘图页面和打印纸方向不匹配　　　　　图 6-47　调整页面后

2）页边距设置

在【文件】菜单中打击【页面设置】命令，在【页面设置】对话框的【打印设置】选项卡中单击【设置】按钮，打开【打印设置】对话框，在这个对话框中可以设置合适的页边距。

2. 打印预览

单击【文件】菜单中的【打印预览】命令可以对打印效果进行检验，对于不满意的打印效果进行及时修改。【打印预览】页面中有自己的工具栏，通过工具栏可以进行绘图的打开保存、打印设置、平铺、缩小放大等操作。

3. 打印

单击【文件】菜单中的【打印】命令，或使用"Ctrl＋P"快捷键，打开【打印】对话框。

（1）在【打印机】选项栏中选择用来打印的打印机。

（2）在【页面范围】中设置是打印全部绘图页还是部分绘图页，

（3）在【份数】选项栏中设置需要打印的绘图的份数。

6.6.2　图表的输出

在绘图完毕时，可以从 Visio 2007 中导出整个文件并选择所需的格式。但导出为另外的格式时可能会改变 Visio 绘图的外观，因为文件在每一次导出和后续导入到另外的应用程序中都要转变格式，其步骤和第二节中的绘图文件保存没有多大差异，图表输出方法如下：

（1）打开想导出的绘图，如果只是想导出绘图中的单个或多个形状，选择这些形状。

（2）单击【文件】菜单中的【另存为】命令，打开【另存为】对话框，输入文件名并设置好格式。

（3）单击【保存】按钮，完成图表的输出。

本章小结

本章主要介绍的是 Visio 2007 的一些相关知识和基本操作，所叙述的内容比较全面，力使读者能够通过本章的学习达到熟悉应用 Visio 2007 制作常用图表，对形状的选择与调整、文字的输入及设置和插入对象的操作基本掌握。Visio 2007 所绘制的各种图表功能强大，涉及日常生活的方方面面，并能极大地提高办公效率。

上机与习题

一、填空题

(1)在默认情况下,菜单栏和工具栏位于窗口的＿＿＿＿＿,带有模具和形状的【形状】窗格位于＿＿＿＿＿,绘图窗格在＿＿＿＿＿,任务窗格放在＿＿＿＿＿,状态栏则在＿＿＿＿＿。

(2)Visio 2007 的工具栏包括＿＿＿＿＿、＿＿＿＿＿、＿＿＿＿＿、＿＿＿＿＿、＿＿＿＿＿、＿＿＿＿＿、＿＿＿＿＿、＿＿＿＿＿、＿＿＿＿＿、＿＿＿＿＿等 11 种工具栏。

(3)入门教程屏幕能够提供对＿＿＿＿＿及＿＿＿＿＿＿＿＿＿进行快速访问。

(4)在图表的查看过程中,除了使用＿＿＿＿＿的方式移动绘图外,还可以使用＿＿＿＿＿和＿＿＿＿＿改变绘图的位置。

(5)Visio 2007 有＿＿＿＿＿、＿＿＿＿＿＿＿、＿＿＿＿＿、＿＿＿＿＿、＿＿＿＿＿和＿＿＿＿＿、＿＿＿＿＿等绘图类型解决方案,每一个类别的解决方案对应不同的模板。

(6)自动连接是 Visio 2007 新增特性,能够将＿＿＿＿＿与其他绘图相连接并将＿＿＿＿＿进行排列,还能加快多次往绘图中拷贝＿＿＿＿＿的速度。

(7)背景页是出现在其他页面后的页,其用处非常多,将绘图页中每一页需要显示的共同＿＿＿＿＿、＿＿＿＿＿、＿＿＿＿＿等信息加入背景页,创建背景,可以极大地方便绘图。

(8)在用 Visio 2007 绘制各种图表时,也需要＿＿＿＿＿用于形状的＿＿＿＿＿、＿＿＿＿＿及等。所有 Visio 形状,包括＿＿＿＿＿在内,都有与之关联的＿＿＿＿＿。

(9)超链接是最简单和最方便的＿＿＿＿＿,其形式有多种,如＿＿＿＿＿、＿＿＿＿＿及＿＿＿＿＿等。

(10)要想打印绘图,首先需要检查＿＿＿＿＿＿＿＿＿＿＿＿＿＿＿是否与打印纸相匹配,在中设置纸张的大小和方向,在＿＿＿＿＿中检查绘图大小及是否和纸张匹配。

二、简答题

(1)简述形状菜单的内容及作用。

(2)如何添加/删除菜单?

(3)在 Visio 2007 如何打开最近使用过的文档?

(4)什么是连接符? 怎么分类?

(5)对象的链接和嵌入的区别是什么?

三、实践题

从【常规】类别中的【基本框图】模板中新建一个 Visio 绘图,练习形状的选择、调整、复制,并在绘图中插入图形、声音、超链接等对象。

第7章

常用工具软件

7.1 WinRAR 文件压缩软件

文件压缩是指将大尺寸的文件压缩成小尺寸的文件,通过对原来的文件压缩处理,在需要时再进行解压缩操作,这样就大大节省了磁盘的使用空间。压缩文件的格式有许多种,解压工具也有很多种,但 WinRAR 是目前最流行的文件压缩软件之一,它功能强大、界面友好、使用方便、压缩率高、压缩速度快,完全支持 RAR 和 ZIP 格式,同时还可以解压 CAB、ARJ、LZH、TAR、GZ、ACE、UUE、BZ2、JAR、ISO 等多种类型的压缩文件。本节将介绍的版本是 WinRAR3.80 简体中文版。

7.1.1 WinRAR 软件界面

WinRAR 程序主界面如图 7-1 所示,包括菜单栏、工具栏、小型【向上】按钮、驱动器列表和文件列表框。

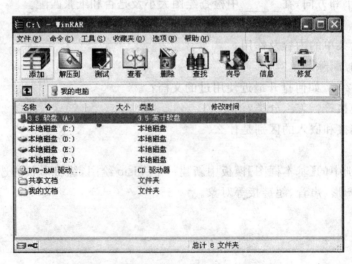

图 7-1 WinRAR 程序主界面

1. 菜单栏

菜单栏包括【文件】、【命令】、【工具】、【收藏夹】、【选项】、【帮助】以及相应的级联菜单。

2. 工具栏

工具栏包括如下选项：

◆【添加】：将文件、文件夹添加到目标压缩文件中。

◆【解压到】：设定压缩包的解压路径及相关解压设置。

◆【测试】：对选定的压缩文件进行解压测试。

◆【查看】：查看选定压缩文件中的内容。

◆【删除】：删除选定的文件（非压缩包也可用此命令删除）。

◆【查找】：单击此命令将弹出【查找文件】对话框，输入条件后可以查找文件，如图7-2所示。

◆【向导】：单击该命令进行解压或压缩文件向导对话框。

◆【信息】：显示选定文件的相关信息。

◆【修复】：对损坏的压缩包文件进行修复并可以选择压缩包可能的格式，如图7-3所示。

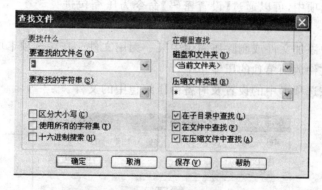

图7-2　查找文件对话框

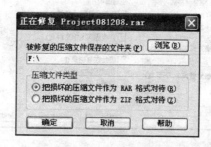

图7-3　修复文件对话框

单击【向上】按钮可将当前文件夹改变到上一级，驱动列表则用以改变所需的磁盘。文件夹列表位于工具栏下面，可以通过双击列表下的文件夹或压缩包文件查看其中的内容。如果双击具体文件，则打开该文件。

7.1.2　WinRAR压缩文件

1. 快捷压缩文件

WinRAR压缩文件支持鼠标右键快捷菜单功能,在压缩时只需要在需要压缩的文件或文件夹单击右键,在弹出的快捷菜单中选择相应命令即可快速将文件夹或文件快速压缩,如图7-4所示。

2. 菜单法压缩文件

在程序主界面的文件列表框中,选定需要压缩的文件或文件夹后,单击工具栏上的【压缩】按钮,弹出【压缩文件名和参数】对话框如图7-5所示。用户可以在该对话框中为压缩文件设置格式、压缩方式、压缩分卷大小等基本参数及其他高级设置,实现所需压缩效果。在此主要介绍以下选项卡参数的设置:

图7-4　右键快捷压缩文件

(1)在【高级】选项中,可以通过【设置密码】命令为压缩包进行加密设置。

(2)向压缩包中添加文件或删除压缩包中某一无用文件。在该选项卡中还可以通过【压缩文件】设置将每个文件放到单独的压缩包中。

(3)可以通过该选项卡中的设置及时备份压缩包中的文件。

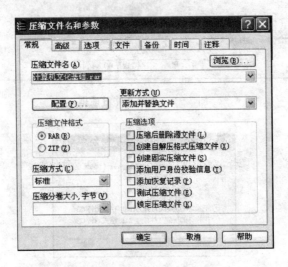

图7-5　使用菜单压缩文件

3. 使用压缩向导压缩文件

使用压缩向导也可以方便地将电脑中的多个文件或文件夹压缩成一个压缩包,单击工具栏中的【向导】按钮,在弹出的对话框中选择【创建新的压缩文件】选项,如图7-6所示。单击下一步,可以按住"Ctrl"来添加多个需要压缩的文件或文件夹,完成后单击【确认】按钮。在对话框中可以单击【浏览】来改变压缩包的存放位置,单击下一步,在打开的【压缩文件选项】对话框中以对压缩包进行设置,如图7-7所示,单击【完成】完成文件的压缩。

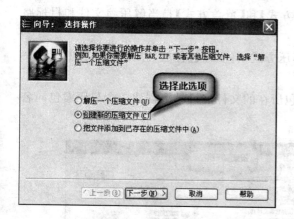

图 7-6　压缩文件向导

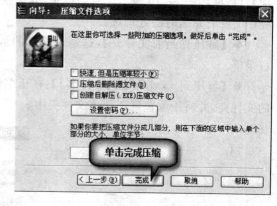

图 7-7　设置压缩文件选项

4. 向压缩包添加文件

打开需要添加文件的目标压缩包,单击工具栏上的【添加】按钮,打开【压缩文件名和参数】对话框,在【文件】选项卡中单击【要添加文件】文本框右侧的【追加】命令选择要添加的文件(可以是压缩包也可以是普通文件),如图 7-8 所示,单击【确定】按钮即可将选定的文件添加到压缩包中。也可以用鼠标左键拖动文件图标到已存在的压缩文件图标上,将文件添加到已存在的压缩文件中。

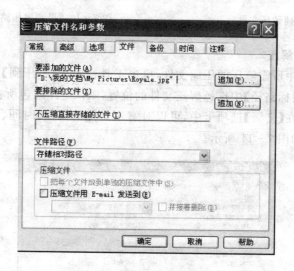

图 7-8　添加文件到压缩包

7.1.3　WinRAR 解压文件

和 WinRAR 压缩文件一样,WinRAR 解压文件也可以通过多种途径来实现。

1. 快捷解压

选定 WinRAR 文件后右击,其界面如图 7-9 所示。

◆【解压文件…】:可在此自定义解压缩文件存放的路径和文件名称,弹出【解压路径和选项】对话框如图 7-10 所示。对话框中的【更新方式】和【覆盖方式】是当解压缩文件和目标路径中文件有重名时的处理选择。

◆【解压到当前文件夹】：这是最简单的解压方式，将压缩包释放到压缩包所在的文件夹目录下。

◆【解压到 xxx（压缩包文件名）】：在压缩包所在的文件夹目录下创建一个与压缩包同名的文件夹，并将压缩包解压到该文件夹中。

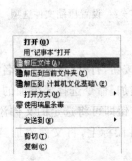
图 7-9　右键快捷解压文件

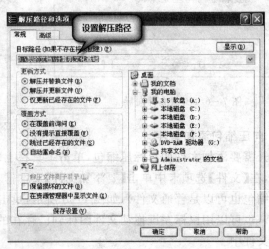
图 7-10　设置解压路径

2. 使用工具按钮解压

在文件列表中选中所需解压的压缩文件，单击工具栏中的【解压到】按钮，弹出【解压路径和选项】对话框，在【目标路径】中选择解压文件的位置，默认是压缩包所在的路径，其余默认选项如图 7-10 所示。在【高级】选项卡中，可以对解压文件的属性、时间、文件路径及是否删除压缩文件进行设置，如图 7-11 所示。

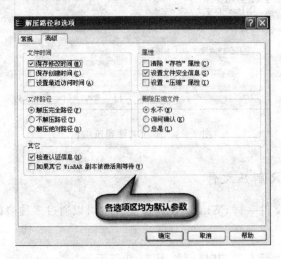
图 7-11　解压文件高级选项

如果只想解压压缩包里的部分文件,只需在文件列表中双击该压缩包,然后选择需要解压的文件,单击工具栏上的【解压到】按钮即可。

3. 使用向导解压

单击工具栏上的【向导】按钮,打开【向导:选择操作】对话框,点选【解压一个压缩文件】选项,单击下一步按钮选择要解压的文件,如图 7 - 12 所示,单击下一步指定解压文件目标文件夹。

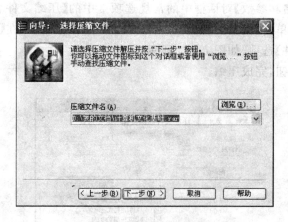

图 7 - 12　使用解压向导解压文件

7.1.4　WinRAR 分卷压缩文件

WinRAR 具有很方便的分卷压缩功能,即指定每一个压缩包的大小,这样 WinRAR 就可以把文件按照指定的大小压缩成几个压缩包。在【常规】选项卡中的【压缩分卷大小,字节】下拉列表中选择或输入限定的大小,如图 7 - 13 所示。单击【确定】按钮后,将会创建若干个WinRAR 压缩文件,如果需要解压,只需将其中的一个 WinRAR 压缩文件解压即可。

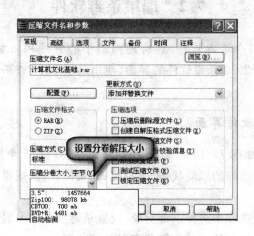

图 7 - 13　设置为分卷压缩

7.1.5 WinRAR 创建自解压文件

将压缩文件制作成自解压文件,可以脱离 WinRAR 而自动执行解压并还原文件。其具体操作方法如下:

(1)在文件列表中找到要创建自解压文件的文件或文件夹,然后单击工具栏上的【添加】按钮。

(2)在【压缩文件名和参数】对话框中的常规选项卡中的【压缩文件名】文本框中输入创建自解压文件的文件名,单击【浏览】按钮设置自解压文件的保存路径,在【压缩选项】中选择【创建自解压格式压缩文件】选项,如图 7-14 所示。

(3)单击【确定】按钮,完成压缩。

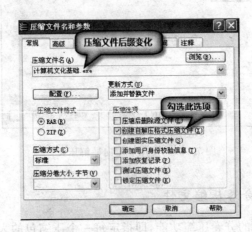

图 7-14 创建自解压文件

7.2 瑞星杀毒软件

瑞星是一款著名的国产杀毒软件,具有超强的中心管理和杀毒能力,下面主要以瑞星 2010 版本为例,介绍瑞星 2010 杀毒软件的界面、使用瑞星 2010 查杀病毒和升级瑞星 2010 病毒库三个方面的内容。

7.2.1 瑞星杀毒软件界面

瑞星 2010 的主界面如图 7-15 所示,其操作界面主要包括 5 个操作选项:

◆【首页】:主要显示电脑的风险状态、杀毒模式、快捷功能、病毒库及程序版本、瑞星资讯等信息。

◆【杀毒】:可以在该选项中选择杀毒对象,设置杀毒模式并及时显示杀毒结果。

◆【防御】:主要是设置智能主动防御和实时监控状态。

◆【工具】:提供一些常用的瑞星 2010 工具及功能,主要有注册向导、引导区备份/恢复工具、病毒隔离区、病毒库 U 盘备份工具等。

◆【安检】:对电脑的安全状态进行检测。

图 7-15　瑞星 2010 主界面

7.2.2　瑞星杀毒软件病毒查杀

在安装瑞星 2010 重启电脑后,监控中心会自动启动,瑞星 2010 的"绿伞"图标出现在托盘中,达到实时监控系统的目的,可通过双击该图标打开主界面。

1. 选择扫描对象

查杀病毒是一件十分耗时的工作,因此在无需进行全盘扫描的情况下,可以进行扫描对象的选择,对重点敏感区域进行病毒查杀。扫描对象的选择界面如图 7-16 所示,勾选所需查杀的对象即可完成扫描对象的选择。在【对象】选项区选择需要扫描的区域后,可在【设置】中设置病毒的处理方式和杀毒结束时的返回状态,因为许多病毒进程驻留在内存区和引导区,所以在查杀病毒的时候【系统内存】和【引导区】这两个选项一般要勾选。也可以通过【快捷方式】选项快速选择指定类型的扫描对象或自定义扫描区域,若需要添加新的快捷扫描对象,在【杀毒】主界面上选择【快捷方式】选项,单击【添加】按钮,打开如图 7-17 所示【快捷方式管理】对话框,添加新的扫描对象即可。

图 7-16　选择扫描的对象

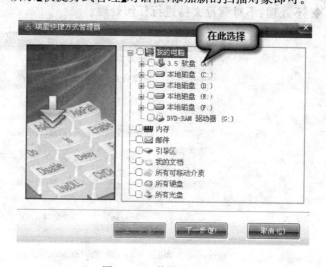

图 7-17　快捷方式管理

2. 进行扫描

在单击【开始查杀】按钮后,瑞星 2010 开始对目标进行扫描,并在主界面显示查杀文件路径及查杀信息,包括查杀文件数、病毒数、可疑文件数及运行时间等,其扫描界面如图 7 - 18 所示,软件会显示等待查杀对象个数、当前查杀路径、已扫描文件数、运行时间等信息。对于指定单个文件或文件夹杀毒,可以通过单击右键菜单中的【使用瑞星杀毒】命令即可快速对指定目标文件进行扫描,其右键快捷菜单如图 7 - 19 所示。

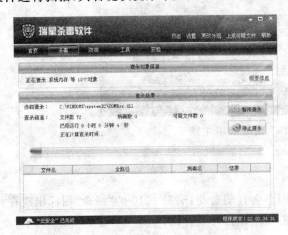

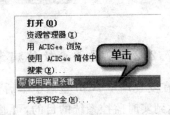

图 7 - 18　瑞星 2010 查杀界面　　　　　　图 7 - 19　右键快捷方式查杀

3. 处理病毒文件

瑞星 2010 处理病毒的方式共有三种。

◆ 询问我:对于每一个扫描检测到的病毒文件均会弹出一个对话框询问用户如何处理,清除病毒、删除文件还是跳过,如图 7 - 20 所示。

◆ 清除病毒:清除染毒文件的病毒并保留该文件。对于清除病毒失败的病毒文件,在杀毒结束后,用户可以选择"删除文件"或"跳过"。

◆ 不处理:不对病毒文件进行任何处理。

图 7 - 20　询问病毒处理方式对话框

4. 必要时重启电脑

在杀毒结束,所有病毒处理成功后,有时需要重启电脑并且进行全盘查杀来彻底清除病毒残余文件。

7.2.3 瑞星杀毒软件病毒库升级

在互联网高度发展的今天,病毒传播的速度越来越快,更新的周期越来越短,而且各种变种病毒层出不穷,这就需要及时更新杀毒软件的病毒特征库以保证电脑安全。

1. 自动升级

使用自动升级能自动使软件升级到最新状态,保证瑞星 2010 病毒库的及时更新。单击杀毒软件主界面的【设置】菜单,在弹出的设置对话框中选中【升级设置】,在【升级频率】下拉框中选择自动更新的频率即可,如图 7-21 所示。

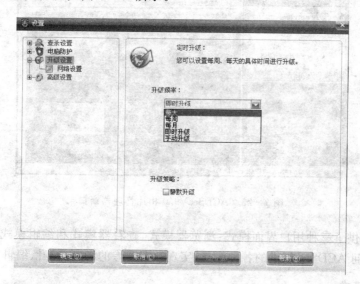

图 7-21 设置升级方式

2. 手动升级

若选择手动升级,可在主界面【首页】选项中单击【软件升级】按钮,或在托盘窗口的瑞星图标上单击右键,弹出图 7-22 所示快捷菜单,选择【启动智能升级】,瑞星 2010 自动开始连接服务器,在和服务器连接成功后软件自动进行升级更新操作,升级完毕后,在主界面中能够看到病毒库版本已经更新。

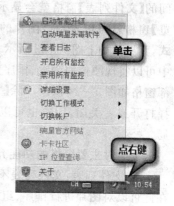

图 7-22 升级瑞星 2010

7.3 ACDSee 实用看图软件

ACDSee 是一款流行的数字图像处理软件,广泛应用于图像的获取、浏览、编辑和管理,还可以从数码相机和扫描仪高效获取图片,并进行快捷的查找、组织和浏览。ACDSee 支持 BMP、

GIF、JPG、TIF、PNG、PSD、ICO 等超过 50 种不同的文件格式图像,还能处理如 MPEG 之类常见的视频文件,利用其编辑功能,可以进行图片的加工处理,如改变亮度、对比度、饱和度、色阶、色调、以及旋转、剪切、消除红眼、锐化、浮雕特效等,还能进行批量处理。下面以 ACDSeeV9.0 试用版为例,介绍该软件的使用方法。

7.3.1　ACDSee 软件界面

在 ACDSeeV9.0 试用版安装完毕后,双击桌面上的图表或单击【开始】→【所有程序】→【ACDSee】中 ACDSee 命令,打开 ACDSee 的默认软件界面,如图 7 - 23 所示。

图 7 - 23　ACDSeeV9.0 相片管理器窗口

ACDSee 提供了三种用户界面模式:浏览器模式、查看器模式和编辑模式,利用这三种界面模式,可以访问 ACDSee 提供的各种工具,实现数字图像的浏览、查看、编辑、管理等功能。

1. 浏览器模式

ACDSee 浏览器类似于 Windows 的资源管理器,单击【文件夹】窗格中的某个文件夹,中间的【文件列表】窗格就会显示该文件夹包含的图片文件,在列表中单击某图像,左下角的【预览】窗格就可以看到该图片的全景预览。在程序启动后,默认打开的就是 ACDSee 浏览器模式,其界面如上图 7 - 23 所示。ACDSee 浏览器是用户界面的主要浏览和管理组件,在该模式中可以实现图像的浏览、排序、查找、移动、共享等功能。ACDSee 浏览器由 12 个窗格组成,全部窗格如图 7 - 24 所示。除【文件列表】窗格外,其他窗格都可以根据需要通过【视图】菜单选择打开或者关闭,用户也可以移动、调整、隐藏、驻靠或层叠窗格来自定义浏览器模式窗口布局。

下面对主要窗格的功能介绍如下:

◆ 文件列表:文件列表不能隐藏或关闭,用来显示当前所选文件夹的图片或其他内容。在此可以对图片进行排序、组合、过滤,并可以在【查看】中改变图片的查看模式。

◆ 文件夹:显示本地磁盘的目录结构,用以快速选择和浏览目标文件夹。

◆ 搜索:设置图像名称或图像包含文字对 ACDSee 数据库进行快速搜索。

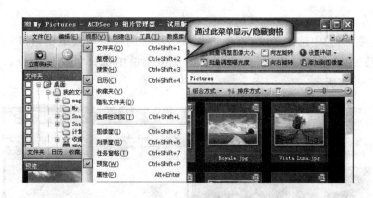

图 7 - 24 ACDSee 窗格

◆ 图像筐：用以临时存放浏览中需要编辑、打印或共享的图像。

◆ 任务窗格：显示菜单和工具栏中常用的按钮和命令菜单。

◆ 预览：用以全景显示在【文件列表】窗格中选中的图像，并可以通过调整【预览】窗格来调整缩略图的大小。

2. 查看器模式

在 Windows 窗口中双击与 ACDSee 关联的文件或在 ACDSee 浏览器的【文件列表】中双击选中的单个或多个文件，就进入 ACDSee 的查看器模式，其界面如图 7 - 25 所示。

在 ACDSee 查看器模式中按不同比例显示图像或图像的不同区域，可以快速查看图像属性、颜色信息等。查看器模式顶部是工具栏，提供了常用工具及命令按钮，左侧是【编辑任务】工具栏，提供了 ACDSee 各种编辑工具，单击其中的按钮打开 ACDSee 的编辑模式窗口，然后进行具体的编辑操作。

图 7 - 25 ACDSee 查看器模式

3. 编辑模式

对于在【文件列表】中选中的文件，要进入 ACDSee 的编辑模式编辑，可以直接单击工具栏上的【编辑图像】按钮，也可单击右键，在弹出的快捷菜单中选择"编辑"命令，ACDSee 编辑模式的界面如图 7-26 所示。

图 7-26　ACDSee 编辑模式

7.3.2　获取图像

ACDSee 可以从数码相机、扫描仪、手机或其他可移动设备获取图片，还可以捕获屏幕图像并保存为文件。当 ACDSee"设备检测器"自动检测到外设时，会及时提示用户选择处理方式，即"使用 ACDSee 从设备获取图像"或"不执行任何操作"。

1. 从数码相机获取相片

从数码相机获取相片的方法如下：

（1）将数码相机连接到计算机，并确认数据线连接良好、相机已经开机，在弹出的对话框中选择【使用 ACDSee 从设备获取图像】。

（2）单击【确定】后将打开【获取照片向导】对话框，单击下一步进入如图 7-27 所示对话框，选择好要输出的图像文件后单击下一步。

图 7-27 获取照片向导

(3)在输出选项页面上,指定是否要使用模板来重命名图像,以及在硬盘上的什么位置保存它们。还可以选择选项来自动校正某些数码相机拍摄的图像的方向,以及复制之后从相机删除这些文件。准备就绪时,单击下一步以复制相片与文件,如图 7-28 所示。

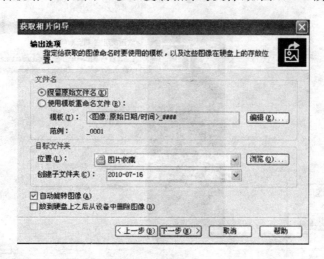

图 7-28 输出选项设置

2. 从大容量存储设备获取相片

从大容量存储设备获取相片的方法如下:

(1)将 USB 大容量存储设备连接到计算机。

(2)单击【文件】菜单【获取相片】中的【单击从相机或读卡器】命令,在来源设备页面上,从类型列表中选择"大容量存储设备",如图 7-29 所示,单击下一步继续。

(3)在【要复制的文件】页面上,选择保存图像的文件格式(请注意,并非每种文件格式都有附加选项),准备就绪时,单击下一步继续。

(4)设置好输出的文件名、保存位置等输出选项后单击下一步开始输出。

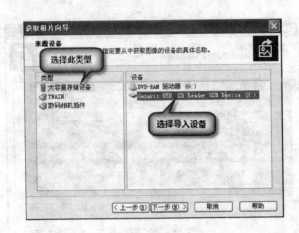

图 7 - 29　从大容量存储获取相片

3. 从手机获取相片

将手机连接电脑后单击【文件】菜单【获取相片】中的【从手机文件夹】命令,如图 7 - 30 所示,弹出的【手机获取向导】对话框如图 7 - 31 所示,设置好手机文件夹的位置以及硬盘中的存放位置,单击下一步即可将手机中的图像下载到本地磁盘。

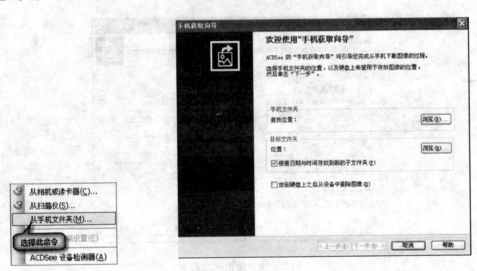

图 7 - 30　选择导入位置　　　　　　　　图 7 - 31　手机获取向导

4. 从 CD 获取相片

从 CD 获取相片的方法是将 CD 放入驱动器,稍等片刻"设备检测器"就会检测到 CD 并启动"获取相片向导"来完成。

5. 从扫描仪获取相片

从扫描仪获取相片的方法如下:

(1)将扫描仪连接到电脑并确认连接线正常、扫描仪已经开机。

(2)单击【文件】菜单【获取相片】中的【从扫描仪】命令,打开【获取相片向导】。

(3)按前面介绍的步骤完成复制。

6. 抓获屏幕截图

【ACDSee 屏幕截图】工具可以从屏幕的不同区域创建图像,还可以选择截取哪些区域、如何截取以及将截取的图像保存在何处。单击【工具】菜单中的【屏幕截图】命令,弹出屏幕截图对话框如图 7-32 所示。

1)来源

◆ 桌面:截取屏幕上显示的整个区域的图像。

◆ 窗口:选择截取整个活动窗口的图像还是截取窗口内容的图像(不包括边框和标题栏)。

◆ 区域:截取图像时固定大小还是用鼠标来确定大小。

◆ 对象:截取窗口部分的图像或所选的菜单命令。

2)目标

选择截图的处理方式:存放在剪贴板、保存为文件或在默认的编辑器中打开截取的图像。

3)开始截图

设置触发屏幕截图的快捷键或在指定的时间结束后捕获屏幕截图,在设置完毕后就可以使用热键来进行屏幕截图。

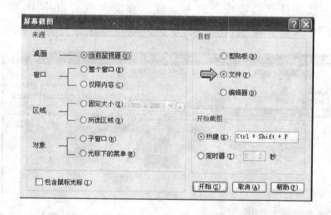

图 7-32　屏幕截图设置对话框

7.3.3　浏览图像

1. 在【文件列表】窗格中浏览图像

【文件列表】是 ACDSee 浏览器的主要组成部分,其显示的是当前所选文件夹的内容、最新搜索的结果,或是与选择性浏览准则匹配的文件与文件夹,在前面已经进行了详细介绍。

在默认情况下,文件在【文件列表】窗格中显示为略图,可以在【查看】下拉菜单中将【文件列表】窗格的查看模式从略图更改为详细信息、列表、图标、平铺或幻灯,如图 7-33 所示。可以分别根据名称、大小、图像属性及其他信息给文件排序,还可以使用过滤器来控制在【文件列表】窗格中显示哪些文件。

图 7 - 33　选择图片的查看模式

2. 按类别、评级或分类浏览图像

在【视图】菜单中打开【整理】窗格,可以显示包括类别、评级、自动类别以及特殊分类的列表,选择一个命令,分类文件就会按指定的方式显示在文件列表窗格中,如图 7 - 34 所示。还可以使用【轻松选择】栏来选择类别、评级、自动类别以及特殊分类的组合。

图 7 - 34　分类查看图片

3. 按日期或时间浏览图像

通过【视图】菜单中的【日历】窗格,可以使用同每个文件关联的日期来浏览图像与媒体文件集。【日历】窗格包含【事件】、【年份】、【月份】以及【日期】查看模式。在【日历】窗格中可以单击任何日期来显示同该日期关联的文件的列表。

4. 浏览喜爱的文件

在【收藏夹】窗格中,可以创建文件夹与文件的快捷方式,甚至可以直接执行可执行文件。

同文件夹类似,【收藏夹】快捷方式也可以复制、重命名、移动或删除,甚至可以在 ACDSee 内使用可执行文件快捷方式来启动另一个应用程序。

7.3.4　编辑图像

ACDSee 编辑器功能强大且简单易用,它包括一整套有用的工具,可以帮助消除数码图像中的红眼、消除不需要的色偏、应用特殊效果等。ACDSee 也可以编辑和增强图像,主要包括:调整亮度与色阶、裁剪过大的图像、旋转或翻转错位的图像以及调整清晰度。完成编辑时,可以预览所作的更改,然后使用 10 多种不同的格式来保存图像。

在"编辑模式"中,屏幕右侧显示【编辑面板】,提供所有的编辑工具与效果。在【编辑面板】中,单击某个名称可以打开该工具,并使用它来编辑图像。在屏幕的顶部"编辑模式"工具栏的正下方,分别是【当前】、【保存】以及【预览】三个选项卡。可以在任何时候单击这些选项卡来比较原始图像与编辑过的版本,并且在将它们保存到硬盘之前预览所选择的编辑。

7.3.5　管理图像

除了浏览、查看以及编辑功能之外,ACDSee 还是一个管理图片文件的好帮手。ACDSee 提供多个集成的管理工具,可以更好地对图像与媒体文件进行整理与分类。这些工具包括批处理功能(同时更改或调整多个文件的工具)、类别与评级系统,以及用于存放所有重要图像信息的强大数据库。

7.3.6　转换图像文件格式

ACDSee 可以将图像转换为任何其支持的格式,利用其批量管理功能,还可以批量转换文件格式,其方法如下:

在 ACDSee 浏览器模式中,选择一个或多个文件,然后单击【工具】菜单中的【转换文件格式】命令,打开【批量转换文件格式】向导对话框(如图 7 - 35 所示),按向导提示完成操作。

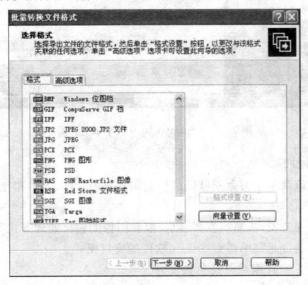

图 7 - 35　批量转换图像格式

7.4　Snagit 实用截屏软件

专业截图软件的出现主要因为 PrintScreen 键功能不能满足一些特定的页面截图要求，Snagit 实用截屏软件是一款知名度极高、功能强大的文本、屏幕及视频捕获与转换程序，并且对于初学者来讲非常容易上手，Snagit 有多种截图方案，可以采用多种方式捕获 Windows 屏幕、DOS 屏幕、RM 电影、游戏画面、菜单、窗口、客户区窗口、最后一个激活的窗口及用鼠标定义的窗口等一系列不同的区域，用户在使用过程中可以根据实际需要选择合适的方案来很好的完成截图，并且图象还可以被保存为 BMP、PCX、TIF、GIF 及 JPEG 等多种格式，甚至还可以存为系列动画。下面以 Snagit V10.0 共享版（30 天免费使用）为例进行说明。

7.4.1　Snagit 软件界面

在安装好软件后，从【开始】菜单启动，Snagit 主界面如图 7 - 36 所示。其顶部为菜单栏，左侧为导航窗格，中间为配置文件窗口，可以让用户不必通过菜单就可快速选择捕获方式，最下面为配置文件设置窗口，通过它用户可以对每种捕获方式进行详细的设定。

图 7 - 36　Snagit V10.0 共享版主界面

各菜单简单介绍如下：

◆【文件】：通过该菜单中的命令可以进行截图方案的管理、导出和导入，以及文件的打开和程序的退出。

◆【捕获】：设置捕获模式、捕获方案、以及捕获图像的输出处理方式等截图参数。

◆【查看】：可以通过此菜单调整 Snagit 软件的窗口模式。

◆【工具】：包含 Snagit 编辑器及参数设置。

7.4.2　截图区域设置

截图软件的主要功能莫过于对各种不同区域与对象的实时捕捉以及对捕捉到的内容进行相应的处理。在选择捕获方式后，可以根据需要，采用合适的截图方案来进行屏幕截图。

1. 手动选择截图范围

使用热键"PrintScreen"激活 Snagit 截图软件，此时屏幕将定格于当前显示状态，拖动鼠标，选择合适的区域即可完成制定区域的截取，其截取界面如图 7-37 所示。或在【方案】窗口中选择【徒手】命令，在使用热键"PrintScreen"激活 Snagit 截图软后就可以拖动鼠标来截取任意形状图形，如图 7-38 所示。

图 7-37　拖动鼠标选择截图区域

图 7-38　截取任意区域形状

2. 自动选择截图范围

如果需要截取的是菜单栏、工具栏、窗口、文本框之类的规则图形,可以通过在截图页面移动鼠标至合适的位置,Snagit 会自动选中规则目标截图区域,其窗口界面如图 7-39 所示。

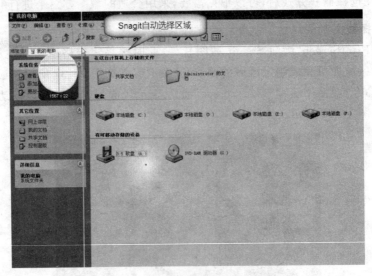

图 7-39　Snagit 自动选择截图区域

7.4.3　截图方式设置

根据不同的需要,Snagit 可以在【捕获】菜单设置为不同的截图方式,其捕获方式有图像捕获、文本捕获、视频捕获、Web 捕获四种,如图 7-40 所示。针对每种模式,还可以在主界面的【方案】窗口中设置不同的捕捉方式。每次更改捕获方式时,Snagit 都会弹出一个帮助的提示框,如图 7-41 所示。

图 7-40　Snagit 截图方式

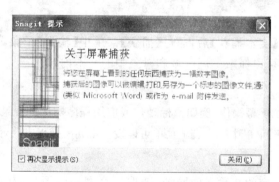

图 7 - 41　Snagit 提示框

1．图像捕获

通过【捕获】菜单中的【输入】子菜单可以设置捕捉方式，主要有范围、窗口、滚动窗口、菜单、全屏幕、外形、高级等，如图 7 - 42 所示。各子菜单功能介绍如下：

◆【多合一】：可以简单地来捕获区域、窗口或者长页面，既可以是固定的窗口，也可以是拖拉鼠标选择的区域。

◆【范围】：这是 Snagit 最常使用的捕获方式，可以选择任意的区域进行捕获。

◆【窗口】：捕获用户选定的固定窗口。

◆【滚动窗口】：当打开多个窗口时，捕捉当前活动的那个窗口。

◆【菜单】：捕获程序菜单栏中的多级菜单为图像。

◆【全屏幕】：捕获整个屏幕作为图像。

◆【外形】：选择一个设定好的形状，并已此形状模式作为区域进行截图。

◆【高级】：其他的一切捕捉方式设置。

通过【捕获】菜单中的【计时器设置】可以设置捕获图像的延迟时间，以空出更多的时间来打开菜单。

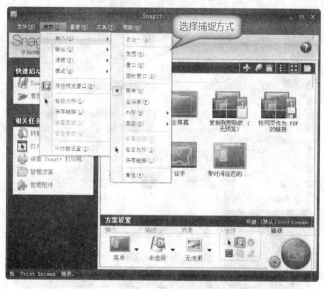

图 7 - 42　设置图像捕捉方式

2．文本捕获

在选择截图方式为【文本捕获】后，通过【捕获】菜单中【输入】子菜单可以设置不同的捕捉方式，如图 7 - 43 所示，可以抓取不同区域和对象中的文本内容。

3．视频捕获

视频捕获就是对你的屏幕操作，例如鼠标动作或应用程序操作进行录像。在选择截图方式为【视频捕获】后，通过【捕获】菜单中【输入】子菜单可以设置不同的捕捉方式，如图 7 - 44 所示。

4．Web 捕获

通过 Web 上某个设定的或输入的网址，抓取这个网站的图片，其输入对话框如图 7 - 45 所示。在选择截图方式为【Web 捕获】后，通过【捕获】菜单中【输入】子菜单可以设置不同的捕捉方式，如图 7 - 46 所示。

图 7 - 43　文本捕获的捕捉方式

图 7 - 44　视频捕获的捕捉方式

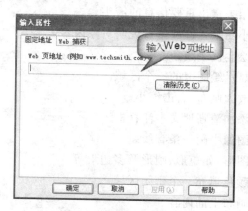

图 7-45　网址的输入

图 7-46　Web 捕获的捕捉方式

7.4.4　截图编辑

Snagit 编辑器具有强大的图像处理能力,在截图完毕后可以对所截获的图像、文本、视频进行后期处理,包括编辑、加注、调色、旋转、标记、发送等,在图像捕获方式下的 Snagit 编辑器界面如图 7-47 所示,在此对各菜单介绍如下:

1.【拖拉】菜单

【拖拉】菜单工具选项区如图 7-47 所示。

1)【剪贴板】

【剪贴板】包含标准的 Windows 编辑功能,包括复制、剪切、粘贴。

2)【绘图工具】

【绘图工具】子菜单功能介绍如下:

◆【选区】:可以在画布上拖动,选择一个要移动、复制或剪贴的区域。

◆【项目符号】:添加一个包含文本的外形诸如箭头、气球、矩形等的可视化交流信息。

◆【箭头】：添加一个用来指出重要信息的箭头。

◆【印章】：插入一个小图来强调或重点说明对象内容。

◆【钢笔】：在画布上绘制徒手线条。

◆【高亮区域】：高亮显示绘图上的一个区域。

◆【放大缩小】：左击放大画布，右击缩小。

◆【文本】：在画布上添加清晰地文本注释框。

◆【直线】：在捕获的图像中画一条直线。

◆【外形】：绘制规则图形，如矩形、圆形及多边形等。

◆【填充】：用指定的颜色填充一个密闭区域。

◆【橡皮】：擦出任意画布上的内容。

3)【样式】

对于每一种所用的绘图工具，可以在此选项区选择具体的工具样式，Snagit 自带样式库非常丰富，可以满足各种需求。

4)【对象】

【对象】功能可对捕获的对象进行旋转、编组、排列、排序等处理。

5)【发送】

选择捕获对象在编辑完成后的输出处理方式共有四种选择，即：E-mail、FTP、程序、剪贴板。

图 7 - 47　Snagit 编辑器界面

2.【图像】菜单

【图像】菜单工具选项区如图 7 - 48 所示，对此菜单工具选项区各项功能简单介绍如下：

1)【画布】

【画布】子菜单功能介绍如下：

图7-48　【图像】工具选项区

◆【裁剪】:拖动鼠标,选择需要保留的区域,可以将截图其他区域移除。

◆【旋转】:向左、向右、垂直、水平翻转画布。

◆【删去】:在画布中删除一个水平或垂直的选取,并将剩余的部分合并合并。

◆【调整大小】:更改或调整图像及画布的大小。

◆【修剪】:自动从截图边缘剪切所有未改变的纯色区域。

◆【油画色】:选择截图的背景色彩。

2)【图像样式】

【图像样式】子菜单功能介绍如下:

◆【边框】:添加、更改选定区域或整个画布的边框宽度和颜色。

◆【效果】:在选区外围或整幅画添加阴影、远景、修剪效果。

◆【边缘】:在选区外围或整幅画添加一个特定的边缘效果。比如撕裂、淡进淡出以及斜面等效果。

3)【修改】

【修改】子菜单功能介绍如下:

◆【模糊】:将画布中某个区域进行模糊处理,用于隐藏或伪装敏感、标记性信息。

◆【灰度】:更改画布中所有内容的色彩为黑白。

◆【水印】:添加一幅类似于 logo 或所有标志的透明或彩色水印图像到画布。

◆【颜色效果】:添加或更改一个选区或整幅画布的色彩效果。

◆【过滤】:可以在画布上的某个区域添加特定的视觉效果。

◆【聚光与放大】:放大画布中选定的区域,或者模糊、黯淡未选中的区域。

3.【热点】菜单

热点创建了一个交互式的捕获,可以使查看器显示一个 Web 地址或者显示一个弹出的文本框或图像。

◆【形状】:设置提示的形状。

◆【链接】:设置一个跳转的网址链接。

◆【Flash 弹出】:添加一个在鼠标经过热点时的文本或图像的弹出。

◆【正在编辑】:选择或删除热点。

4.【标签】菜单

【标签】菜单包含了9种标志,它们分别是重要、有趣、想法、错误、私人、发送、跟踪、财务、酷。

5.【查看】菜单

【查看】菜单主要包括4类功能,如图7-49所示。

图 7 - 49　【查看】工具选项区

◆【图库】:定位查看并管理图像、文本、视频文件或选择多个文件进行保存、转换、打印等操作。

◆【移动工具】:在不改变缩放倍数的情况下移动捕获。

◆【缩放】:对画布上的图像进行缩放操作。

◆【窗口】:对软件的窗口进行层叠、排列或切换操作。

6.【发送】菜单

将捕获的图像发送到 E-mail、FTP、程序或剪贴板中。

7.4.5　截图保存

在 Snagit 编辑器中编辑好图像后,单击窗口上方的【保存】按钮或者使用"Ctrl＋S"快捷键可以进行图像的保存操作,以图像捕获模式为例,其弹出的对话框如图 7 - 50 所示,设置好保存路径及文件名后即可保存截图。

在【保存类型】下拉框中,可以选择图像的保存类型,共有 11 种类型有,单击【选项】按钮,在弹出的对话框中可以设置图像的一些输出参数。

图 7 - 50　图像的保存

7.4.6　截图输出

对于捕获的对象,我们还可以选择不同的输出方式,对于不同的捕获方式,它所包含的输出方式各不相同,如图 7 - 51 所示,在此对截图的输出介绍如下:

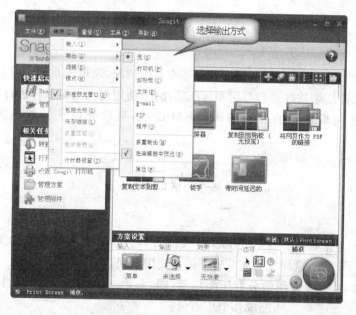

图 7 - 51　输出设置

1. 输出方式说明

输出方式子菜单功能介绍如下：

◆【无】：在这种输出方式下，捕获的图像直接显示在 Snagit 编辑器中。

◆【打印机】：将捕获的图像输出到打印机进行打印。

◆【剪贴板】：将捕获的图像存放到剪贴板中。

◆【文件】：将捕获的图像保存为文件。

◆【E-mail】：将捕获的图像通过 E-mail 进行发送。

◆【FTP】：将捕获的图像上传到 FTP 主机。

◆【程序】：在捕获图像后直接输出到某个程序当中去。

2. 不同的捕获方式的输出比较

对于不同的捕获方式，其输出方式也各不相同，详细情况如图 7 - 52 所示。

输出方式	图像	文字	视频	网络
预览窗口	√	√	√	√
打印机	√	√	×	×
剪贴板	√	√	×	×
文件	√	√	√	√
E-mail	√	√	√	×
FTP	√	√	√	×
程序	√	√	√	×

图 7 - 52　输出方式的比较

本章小结

　　本章主要介绍了四种常用软件的功能及基本使用情况,通过本章的学习,可以熟悉和灵活应用 WinRAR 文件压缩软件进行打包和解压等操作;使用瑞星杀毒软件进行电脑病毒的防治和查杀;介绍了使用最普遍的看图工具——ACDSee;最后介绍了一款功能强大的截图软件——Snagit。

上机与习题

　　一、填空题

　　(1)文件压缩是指将＿＿＿＿＿＿压缩成＿＿＿＿＿＿,通过对原来的文件＿＿＿＿＿,在需要时再进行＿＿＿＿,这样就大大节省了磁盘使用空间。

　　(2)WinRAR 具有很方便的分卷压缩功能,即＿＿＿＿＿＿＿＿＿,这样 WinRAR 就可以把文件按照＿＿＿＿＿＿压缩成几个压缩包。

　　(3)使用瑞星查杀病毒是一件十分耗时的工作,因此在无需进行＿＿＿＿＿的情况下,可以进行＿＿＿＿的选择,对＿＿＿＿＿进行病毒查杀。

　　(4)在互联网高度发展的今天,病毒的＿＿＿＿越来越快、＿＿＿＿越来越短,而且各种＿＿＿＿＿层出不穷,这就需要及时更新杀毒软件的＿＿＿＿以保证电脑安全。

　　(5)利用 ACDSee 的＿＿＿＿＿功能,可以进行图片的加工处理,如改变＿＿＿＿、＿＿＿＿、＿＿＿＿、＿＿＿＿、以及旋转、剪切、消除红眼、锐化、浮雕特效等,还能进行＿＿＿＿。

　　(6)ACDSee 提供多个集成的管理工具,可以更好地对图像与媒体文件进行＿＿＿＿,这些工具包括＿＿＿＿、＿＿＿＿＿,以及用于存放所有重要图像信息的强大数据库。

　　(7)Snagit 有多种截图方案,可以采用多种方式捕获＿＿＿＿、＿＿＿＿、RM 电影、＿＿＿＿、＿＿＿＿、＿＿＿＿＿及用鼠标定义的窗口等一系列不同的区域。

　　(8)Snagit 有＿＿＿＿、＿＿＿＿、＿＿＿＿和＿＿＿＿四种捕获方式。

　　(9)Snagit 编辑器具有强大的＿＿＿＿,在截图完毕后可以对所截获的图像、文本、视频进行后期处理,包括＿＿＿＿、＿＿＿＿、＿＿＿＿、＿＿＿＿、标记、发送等。

　　二、简答题

　　(1)如何使用 WinRAR 创建自解压文件?

　　(2)简单介绍瑞星处理病毒的方式。

　　(3)ACDSee 共有几种用户界面模式?

　　(4)简述 Snagit 实用截屏软件截图区域的选择方法。

　　三、实践题

　　(1)用 WinRAR 创建一个自解压的文件。

　　(2)安装瑞星并升级到最新病毒库,最后进行全盘电脑扫描。

第 8 章

计算机网络与 Internet

面对越来越多的信息和知识,人们越来越认识到单独的计算机已经不能满足需要,在这种需求下计算机网络得到了广泛的应用。计算机网络是计算机和通信技术相结合的产物,是人们信息交流的最佳平台。本章介绍了计算机网络的基本概念和功能、形成、分类以及 Internet 的一些基本概念。

8.1 计算机网络概述

8.1.1 计算机网络的概念

计算机网络是指将分布地域不同的多台计算机、终端和外部设备用通信线路互连起来,按照统一的网络通信协议进行数据通信,从而实现资源共享和信息传递的计算机系统。可见,一个计算机网络必须具备以下四个要素:

(1)相互独立操作系统的计算机:它们可以连入网内工作,也可以脱离网络工作。

(2)通信线路。两台(多台)计算机之间要由通信手段将其互连,可以是有线,如电话线、同轴电缆或光纤等,也可以是微波、3G、卫星通信等无线网络。

(3)网络协议,即网络中各计算机在通信过程中必须共同遵守的规则。这是个非常关键的要素,在计算机网络中只有遵守共同的网络协议,才能解释、协调和管理计算机之间的通信和相互间的操作。

(4)资源。资源可以是网内计算机的硬件、软件和信息,也可以是文本、图形、声音、图像等多媒体数据信息。

8.1.2 计算机网络的基本功能

由上述定义可以看出,计算机网络具有如下功能:

(1)资源共享。计算机网络最主要的功能是实现了资源共享,包括计算机的硬件、软件、数据与信息等。从用户角度来看,网络中的用户可以调用其他用户的全部或部分资源。

(2)数据通信。计算机网络提供的最基本的功能是网络中的计算机与计算机之间能交换各种数据和信息,使分布在不同地点的计算机之间能够互相传送数据、交换信息。

(3)分布式信息处理。有了计算机网络技术,就可以利用其将一个大型复杂的计算问题分配给网络中的多台计算机协同完成,此时网络就像是一个具有高性能的大中型计算机系统,能很好地完成复杂的处理,解决单机无法完成的信息处理任务。

(4)提高了计算机的可靠性和可用性。当网络中的一台计算机出现故障无法工作时,它的任务可以由网络中的其他计算机取而代之,使整个系统的可靠性提高。当网络中的某台或某些计算机负荷过重时,网络可调配部分给其他较空闲计算机完成,提高了每一台计算机的工作效率。

(5)娱乐和电子商务。网络游戏和网上购物已经成为人们日常生活的重要组成部分,所产生的新经济价值也引起了各界的关注。

8.1.3　计算机网络的形成与发展

计算机网络的发展经历了由简单到复杂,由低级到高级的过程。研制计算机的初衷是为了进行科学计算,随着计算机技术的飞速发展和计算机的普及,计算机之间信息交换与资源共享的需求也随之增长,计算机网络的发展历程大致可分为四个阶段。

1. 面向终端的计算机网络

计算机网络起源于 20 世纪 50 年代,面向终端的计算机网络也称远程终端联机阶段。它是将一台计算机经通信线路与若干台终端直接相连,其特点是主计算机与终端是主从关系,计算机处于主控地位,承担着数据处理和通信控制工作,而各终端一般只具备输入/输出功能,如图 8-1 所示。这种网络与现行的计算机网络的概念不同,只是现代计算机网络的雏形。

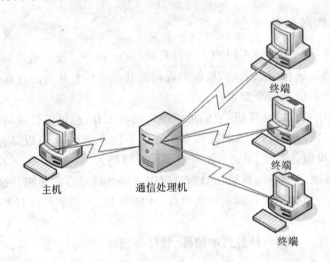

图 8-1　面向终端的计算机网络

2. 局域网阶段

20 世纪 60 年代,出现了以多处理中心为特点的计算机网络,将多个具有独立功能的计算机终端连接起来形成以传递信息为主要目的的计算机网络系统。1969 年建成的美国 ARPA-Net(Advanced Research Projects Agency Network)网使用分组交换技术,通过特定的"接口信息处理机"(Interface Message Processor,IMP)将各地主机相联,为现代计算机网络的发展奠定了基础,如图 8-2 所示。

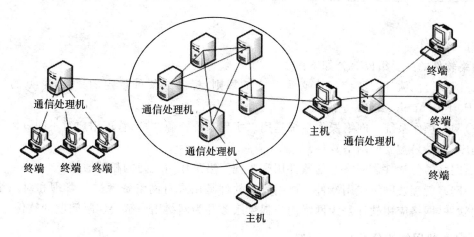

图 8-2 分组交换组网

1975 年,美国开发了以太网(Ethernet)技术,标志着局域网的正式出现,利用该技术组建的局域网可以将本地域的计算机连在一起,变多用户的主从关系为平等关系,广泛地应用在各个领域。

3. 计算机网络互联阶段

20 世纪 70 年代中期以来,国际上的局域网、广域网发展迅速,为了将多个不同大小的局域网层层互联,解决计算机网络与互联标准化问题,就要对网络体系结构和网络协议进行标准化。1984 年,国际标准化组织(ISO)提出了一个试图使各种不同体系结构的计算机互联的标准框架,即开放系统互联参考模型(Open System Interconnection Reference Model,OSI),从此,计算机网络走上了标准化的道路。1984 年,美国国家科学基金会决定将教育科研网 NSF-NET 与 ARPANET、MILNET 合并,支持 1983 年批准的美国军方网络传输协议——TCP/IP,向世界范围扩展,并命名为 Internet。

4. 信息高速公路阶段

信息高速公路阶段的重要标志是互联网(Internet)的广泛应用。随着信息高速公路计划的提出和实施,以异步传输模式技术(ATM)为代表的高速计算机网络技术的发展,以及以"网格计算"为代表的协同工作技术的发展,使计算机网络进入第 4 代。

8.1.4 计算机网络的组成与分类

1. 计算机网络的组成

计算机网络由网络硬件系统和软件系统组成。

1)网络硬件

网络硬件的主要组成部分如下:

(1)网络服务器。为网络中的其他计算机提供某种服务的计算机,常见的网络服务器有域服务器、FTP 服务器、WEB 服务器、电子邮件服务器、DNS 服务器等。

(2)网络工作站。实际上就是连接到网络上的具有独立工作能力的计算机,它是网络服务器的一个用户,主要功能是向各种服务器发出服务请求,从网络上接收传送给用户的数据。

(3)负责通信处理的设备及线路。包括通信处理机、网络节点机、调制解调器、通信线路等。

2)网络软件

网络软件的主要组成部分如下：

(1)网络协议软件。通信双方必须遵守的规则、标准或某种约定的集合,常见的协议有TCP/IP、IPX、Applet Talk 等。

(2)网络操作系统。网络操作系统是用以实现系统资源共享、管理用户对不同资源访问的应用程序,它是最主要的网络软件。

(3)网络通信软件。网络通信软件用来实现网络工作站之间的相互通信。

(4)网络管理及网络应用软件。网络管理软件是用来对网络资源进行管理和对网络进行维护的软件,网络应用软件是为网络用户提供服务并为网络用户解决实际问题的软件。

2. 计算机网络的分类

计算机网络有局域网、城域网、广域网等多种结构类型。

(1)局域网(LAN)。局域网覆盖有限的范围,一般局限在一座建筑物或园区内,其作用范围通常为 10 米至几千米。局域网规模小、速度快,应用非常广泛。

(2)城域网(MAN)。城域网的作用范围介于广域网和局域网之间,是在一个城市或地区范围内组建的网络,其作用范围一般为几十千米,是一种大型的 LAN。需要指出的是,广域网、城域网和局域网的划分只是一个相对的分界,而且随着计算机网络技术的发展,三者的界限已经变得模糊了。

(3)广域网(WAN)。广域网是由相距较远的局域网或城域网互联而成,它作用范围通常为几十到几千千米以上,可以跨越辽阔的地理区域进行长距离的信息传输,所包含的地理范围通常是一个国家或洲。Internet 就是一个横跨全球,可公共商用的广域网。

4)其他分类

计算机网络的分类方法还有多种,如按网络的拓扑结构、按网络的使用范围、按信息交换方式及按传输介质分类等。按网络的拓扑结构可分为 7 种,图 8-3 给出了常用几种分类的示意图。

(1)星型拓扑结构。星型拓扑结构是由一个中央节点和通过点到点通信链路接到中央节点的各个站点组成,其结构简单,建网容易,传输速率高。中央节点可以与从节点直接通信,而从节点之间的通信必须经过中央节点的转发,由于中央节点执行集中式通信控制策略,因此中央节点相当复杂。

(2)环型拓扑结构。环型拓扑结构是一个像环一样的闭合链路,信息是沿着环广播传送的。环型拓扑结构传输路径固定,无路径选择问题,故实现简单。

(3)树型结构。树型结构从总线拓扑演变而来,是一种分层的宝塔型结构,控制线路简单,管理也易于实现。

(4)总线型拓扑结构。总线拓扑结构是采用一个信道作为传输媒体,网络中所有站点都通过相应的硬件接口被公共总线连接起来,通信时信息沿着总线进行广播式传送。

(5)网状拓扑结构。网络拓扑结构网络的容错能力强,如果网络中一个节点或一段链路发生故障,信息可通过其他节点和链路到达目的节点,故可靠性高。

(6)蜂窝型拓扑结构。蜂窝型拓扑结构由圆形或六边形组成,每个区域中心都有一个独立的节点。

（7）混合拓扑结构。混合拓扑结构是将两种或多种网络拓扑结构杂合在一起，最终形成与任何标准拓扑结构都不同的网络。

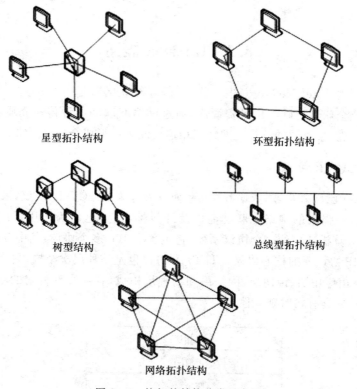

星型拓扑结构　　　　　　　　　　　环型拓扑结构

树型结构　　　　　　　　　　　总线型拓扑结构

网络拓扑结构

图 8-3　按拓扑结构分类示意图

按网络的使用范围分类可分为公用网和专用网两类。公用网一般是国家的电信部门建设的网络，而专用网是某个部门为其特殊工作的需要而建造的网络。

按信息交换方式划分可分为电路交换网、报文交换网和分组交换网 3 类。电路交换网的特征是在整个通信过程中，需要始终保持两节点间的通信线路连通，就像电话一样。报文交换网的通信线路是非专用的，它利用存储转发原理，将待传输的报文存储在网络节点中，等到信道空闲时再发送出去。分组交换网将报文划分为若干小的传输单位——分组，并将分组单独传送，能够更好地利用网络，如 Internet。

8.1.5　网络协议

要在计算机网络中实现各种服务功能，就必然要在计算机系统之间进行各种各样的通信和对话，要使通信双方能正确理解、接收和执行，就必须遵守相同的规定，这些约定和规则的集合称为协议。协议是指通信双方必须遵守的控制信息交换的规则集合，作用是控制并指导通信双方的对话过程。网络协议主要由以下三个要素组成：

（1）语法：即数据与控制信息的结构或格式。

（2）语义：定义数据格式中每一个字段的含义。

（3）同步：收发双方或多方在收发时间和速度上的严格匹配，即时间实现顺序的详细说明。

Internet 之所以能够将不同的网络相互联接，主要是因为它使用了 TCP/IP 协议，TCP/

IP 就是国际标准化组织 ISO 中的两个重要协议，TCP(Transmission Control Protocol，传输控制协议)和 IP(Internet Protocol，网络协议)。在 Internet 上，基本上所有的人都是将这两个协议合在一起使用。

8.2　Internet 概述

Internet 全称是 Inter Network，中文称为"国际互联网"，是一个建立在网络互联基础上的国际网，是一个全球性的巨大信息资源库，通过网络互联和各种传输介质将世界上不同地区、规模大小不一、类型不同的计算机网络互相连接起来而形成全球性网络。

8.2.1　TCP/IP 协议

当今，Internet 已深入全球，依据 Internet 而发展起来的 TCP/IP 协议，采用分组交换技术传输数据，由于具备强大的网络互联功能以及开放性特色，已成为应用最广泛的通信协议。TCP/IP 是用于计算机通信的一个协议系列，它包含了 100 多个协议，其中 TCP 协议和 IP 协议构成了 TCP/IP 协议簇的核心协议。TCP/IP 协议也是一种层次结构，共分为 4 层，如图 8 - 4 所示，从上到下由应用层、传输层、网络层和物理层构成，各层实现特定的功能，提供特定的服务和访问接口，并具有相对独立性。

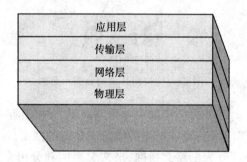

图 8 - 4　TCP/IP 协议体系结构

1. TCP 协议

TCP 协议位于传输层，是一种面向连接的、可靠的、基于字节流的通信协议。用于向应用层提供面向连接的服务，确保网上所发送的数据包可以被完整地接收。一旦数据包丢失或遭破坏，则由 TCP 协议负责将丢失或被破坏的数据包重新传输一次，实现数据的可靠传输。

2. IP(Internet Protocol，网络协议)

IP 协议位于 TCP/IP 结构的网络层，主要用于将不同格式的物理地址转换为统一的 IP 地址，将不同格式的帧转换为"IP 数据包"，向 TCP 协议所在的传输层提供 IP 数据包，实现无连接数据包传送；IP 协议的另一个功能是数据包的路由选择，就是选择数据在网上传输的路径，将数据从一地传输到另一地。

8.2.2　IP 地址和域名

为了在网络环境下实现计算机之间的通信,网络中任何一台计算机必须有一个地址,而且该地址是唯一的。在进行数据传输时,通信协议必须在所传输的数据中增加发送信息的计算机地址(源地址)和接收信息的计算机地址(目标地址)。Internet 有两种类型的地址:IP 地址和域名。IP 地址是唯一确定计算机的一组数字,由于数字不容易记忆和识别,人们就用一种字符型标识来代替 IP 地址,这就是域名。

1. IP 地址

IP 地址是一个 32 位的二进制数,为了方便表示,国际通行将 32 位二进制数按字节分为 4 组,每组用十进制数表示出来,各组之间用“.”隔开,每组数字取值为 0~255,如 192.168.72.104。IP 地址分为两部分,由网络标识(NetID)和主机标识(HostID)组成,根据网络规模的大小把 IP 地址分为 5 种类型,其中 A 类、B 类、C 类地址为基本地址,它们的格式如图 8-5 所示。对于一个 IP 地址,直接判断它属于哪类地址最简单的办法是判断它的第一个十进制整数所在范围。

A类	0	网络地址(7b)	主机地址(24b)

B类	1 0	网络地址(14b)	主机地址(16b)

C类	1 1 0	网络地址(21b)	主机地址(8b)

图 8-5　不同类型 IP 地址格式

(1)A 类地址。第 1 位用 0 来标识,网络地址占 7 位,第 1 数字域取值为 1~126,0 和 127 保留用于特殊目的。主机地址占 24 位,即 3 个数字域,适用于少数规模很大的网络。

(2)B 类地址。第 1、2 为用 10 来标识,网络地址占位 14 位,第 1 数字域取值为 128~191,适用于国际性大公司。

(3)C 类地址。第 1~3 位用 110 来标识,网络地址占 21 位,第 1 数字域取值为 192~223,适用于小公司和研究机构小规模的网络。

2. 域名

记忆一组 IP 地址比较困难,为了便于解释机器的 IP 地址,Internet 引进了字符形式的 IP 地址,即域名。域名采用层次结构,按地理域或机构域进行分层,每一层由一个子域名组成,子域名间用“.”分隔。在 Internet 网络上,域名和 IP 地址一样都是唯一的。

1)域名

Internet 主机域名的一般格式为:四级域名.三级域名.二级域名.顶级域名,目前互联网上的域名体系中共有两类顶级域名,一台计算机只能有一个 IP 地址,但是却可以有多个域名,域名中字母的大小写是没有区分的。

(1)地理顶级域名,表示国家和地区。

(2)类别顶级域名。相对于地理顶级域名来说,这些顶级域名是根据不同的类别来区分的,主要的类别域名有:.com(商业组织),.net(网络技术),.org(组织机构),.edu(教育组织)、.gov(政府部门)、.mil(军事部门).int(国际组织)。

　　2)域名管理系统

　　域名是由专门的域名管理机构进行管理和分配的,只有这些机构才有域名的维护、管理以及下级域名的分配、注册和管理职能。域名管理系统采用层次式的管理机制,其优点是:每个组织可以在它们的域内再划分域,只要保证组织内域名的唯一性,就不用担心与其他组织内的域名发生冲突。

　　域名相对于主机的 IP 地址来说,方便了用户记忆,有了域名就不必去记 IP 地址了。但对于计算机传输数据来说,Internet 上的网络互联设备只能识别 IP 地址而不能用域名地址,这就需要系统根据主机域名找到与其相对应的 IP 地址,把域名地址转化为 IP 地址,这个过程称为域名解析,由 Internet 上的域名服务器完成。

8.2.3　浏览器的使用

　　浏览器实际上是一个软件程序,用于与 WWW 建立连接并进行通信。它可以在 WWW 系统中根据链接确定信息资源的位置,并将用户感兴趣的信息资源取回来,对 HTML 文件进行解释,然后将文字、图像或者多媒体信息还原出来。现在大多数用户使用的浏览器是微软公司提供的 IE 浏览器,IE 浏览器直接绑定在 Windows 操作系统中,无须专门下载安装即可实现网页浏览。当然,还有国内最近发展迅猛的火狐浏览器、腾讯 TT 浏览器及 360 浏览器等。下面以 IE 浏览器为例进行介绍,如图 8 - 6 所示。

图 8 - 6　IE 浏览器界面窗口

1. 界面介绍

◆ 标题栏:浏览器窗口被激活时,标题栏呈高亮显示,显示当前页面的标题和浏览器的名称。

◆ 菜单栏:浏览器所有功能均可以通过菜单栏来完成,包括【文件】、【编辑】、【查看】、【收藏】、【工具】、【帮助】6 个菜单命令。

◆ 工具栏:由一排常用操作的快捷键组成。

◆ 地址栏:它是整个浏览器中最重要的部分。用户在地址栏中输入或选择一个 Internet 地址后,按【转到】按钮或按【Enter】键,浏览器就会转到目标页面。

◆ 浏览区:是 Internet Explorer 的主窗口,显示用户所浏览的 Web 网页的所有信息及链接,使用户能对网页信息进行浏览。

◆ 状态栏:位于 Internet Explorer 窗口的底部,用于显示当前操作的状态信息,可以查看 Web 网页打开的过程。

2. IE 浏览器的启动

用户只需双击桌面上的 IE 命令,或单击【开始】菜单中的【所有程序】中选择【Internet Explorer】命令,即可打开 IE 窗口,在地址栏中输入 Web 站点的地址,就可以进行网页浏览了。

3. 设置 Internet Explorer

在 Internet Explorer 启动的同时,系统打开默认主页,为了使 IE 浏览器更加快捷,我们可以对其进行必要的设置以方便使用,在菜单栏的【工具】中单击【Internet 选项】命令,打开如图 8-7 所示对话框。在此仅对【常规】选项卡作简单介绍,该选项卡中有三个设置选项组:主页、Internet 临时文件和历史记录。

(1)主页。主页就是 IE 浏览器打开时看到的第一个页面,【使用当前页】按钮可以将当前访问的网页设置为主页,也可以在文本框中直接输入要访问的网站的网址,而【使用默认页】则将主页设置为微软(中国)首页。如果希望每次启动 Internet Explorer 时都不打开任何主页,可以单击【使用空白页】。

(2)Internet 临时文件。IE 浏览器在浏览网页时会下载许多和网页有关的临时文件到本地磁盘,便于浏览和保存,通过此选项组可以删除这些临时文件或者设置临时文件保存路径及保存时间等信息。

(3)历史记录。可以在此选项组中删除浏览器的浏览记录,不留上网记录,便于保密,也可以设置网页历史记录保存的天数。

4. IE 的基本操作

1)打开网页

打开网页的方式有多种,最常用的就是在地址栏中选择历史访问地址或输入新的网页地址,然后按【Enter】键或单击【转到】命令即可。对于曾经访问过的网页,还可以在【文件】菜单中单击【打开】命令,然后在【打开】下拉框中选择需要打开网页的网址即可。若网页地址已经添加到收藏夹,则可以通过【收藏夹】快速打开网页。

2)工具栏的使用

工具栏的按钮可以帮助用户更轻松地浏览网页,主要介绍以下几种:

(1)用户可以通过【前进】和【后退】这两个按钮在浏览器窗口中实现历史浏览页面的快速

跳转。

(2)通过【停止】和【刷新】这两个按钮可以实现停止正在和网站服务器的连接或者重新连接服务器,更新当前浏览窗口网页的内容。

(3)单击【主页】按钮可以跳转到预先设置好的主页界面。

3)保存网页

对于感兴趣的网页,可以通过【文件】菜单中【另存为】命令来实现,弹出的保存网页的对话框如图 8-8 所示,选择需要保存的位置、保存类型和名称,单击【保存】即可,此时将保存整个网页的文本、图片等全部内容。

若只想保存网页中的某张图片,可以直接在该图片上单击右键,弹出的快捷菜单中选择【图片另存为】命令,在弹出的对话框中选择要保存的位置及名称即可,如图 8-9 所示。

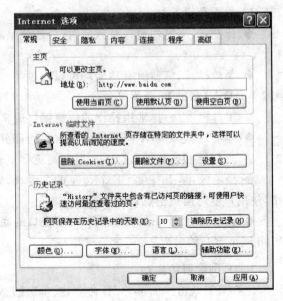

图 8-7　IE 选项对话框

图 8-8　保存网页对话框

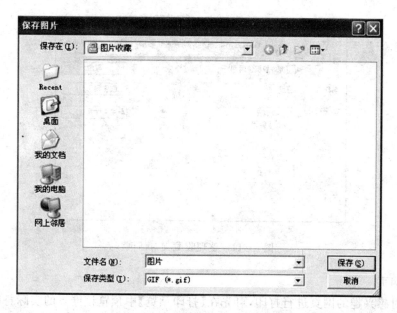

图 8-9 保存网页中的图片对话框

4）添加到收藏夹

当浏览到感兴趣的网址时，可以通过添加到收藏夹，让浏览器记录下这个网址，达到以后快速访问该网站的目的。收藏夹的主要作用是存储和管理用户感兴趣的网址，操作方法如下：

在需要添加的 Web 页面单击【收藏】菜单下的【添加到收藏夹】对话框，打开对话框如图 8-10 所示，可以在【名称】文本框中为该网页地址重新命名。单击确定便可将当前站点存放在收藏夹中。若要添加到收藏夹的某个子菜单中，则只需在该对话框中单击【创建到】命令，如图 8-10 所示，选择需要添加的子收藏夹即可，也可以用【新建文件夹】命令新建一个子收藏夹。

如果要整理收藏夹的内容，可以单击【收藏】菜单下的【整理收藏夹】命令，在弹出来的对话框中进行整理即可，如图 8-11 所示。

图 8-10 添加到收藏夹对话框

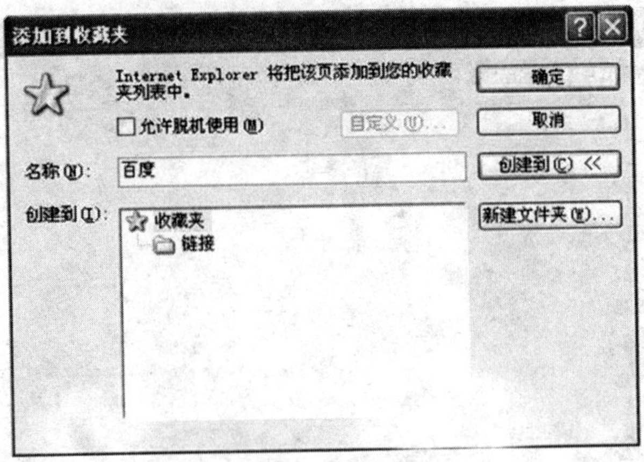

图 8 - 11　整理收藏夹对话框

5)打印网页

若需要对感兴趣的网页进行打印,可先在【打印预览】中预览该网页的实际打印效果,并进行必要的调整,满意后即可进行打印。在【文件】菜单中单击【打印】命令,打开对话框如图 8 - 12 所示,可以在【首选项】中完成打印的相关设置。

图 8 - 12　打印网页对话框

8.2.4　电子邮件的使用

电子邮件是目前 Internet 上应用最广泛的一种网络服务,其优点是快速、高效方便以及廉价等。人们可以通过电子邮件在 Internet 上传输各种文本、声音、图像、视频等信息。Internet 上电子邮件的传递和功能主要包括应用程序、邮件服务器和邮件传输协议,用户在首次使用电子邮件服务发送和接收邮件时,必须在该服务器上申请一个合法的账号,包括账号名和密码。

1. 通过网页收发电子邮件

1）申请免费电子邮箱并登陆

新浪、网易、QQ、TOM、21CN、搜狐、雅虎等均提供免费邮箱服务，本书以"163 网易免费邮箱"为例，如图 8-13 所示。单击主页上的【立即注册】按钮，开始电子邮箱的注册操作，按照步骤设置好邮箱的用户名和密码，完成注册即可获得免费邮箱的使用权，登陆免费邮箱，其界面如图 8-14 所示。

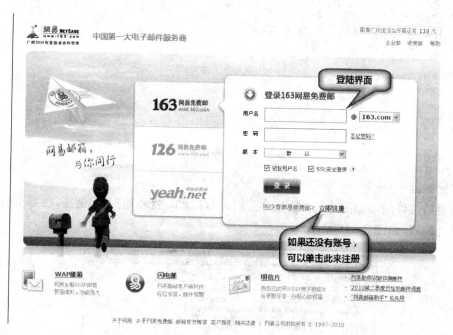

图 8-13　163 免费邮箱登陆界面

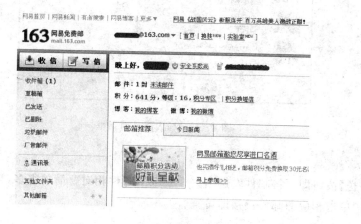

图 8-14　163 免费邮箱登陆后界面

2）写邮件

单击网页上的【写信】链接进入 Web 方式写邮件界面，在【收件人】文本框中输入收件人的邮箱地址，如 wangyi@163.com，【主题】文本框中填上邮件的内容主题，在正文框中输入邮件的具体内容,写电子邮件的主界面如图 8 - 15 所示。

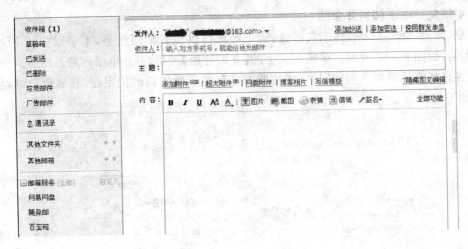

图 8 - 15　写邮件界面

3)添加附件

若需要给邮件附带如图片、文档、程序等附件,可以单击【添加附件】链接,在弹出的对话框中选择附件即可,如图 8 - 16 所示。

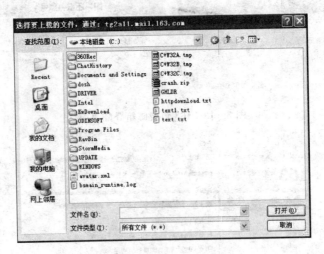

图 8 - 16　插入附件对话框

4)发送

单击【发送】按钮即可将邮件发送出去。收电子邮件相对要简单得多,当有新邮件时,只需从【收件箱】中单击相应的邮件链接即可查看。

2. 通过软件收发电子邮件

通过 Outlook、Foxmail 等专门的电子邮件软件连接到电子邮件服务器,也可以替用户接收和发送存放在服务器上的电子邮件。Outlook Express 是 IE 下的邮件收发软件,也是目前常用的电子邮件客户端软件。其界面如图 8 - 17 所示,下面介绍它的基本应用。

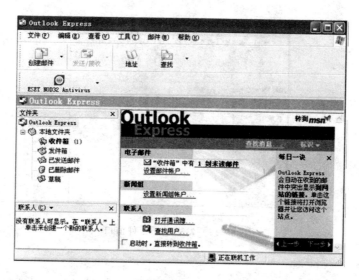

图 8 - 17　Outlook Express 主界面

1)设置电子邮件账号

　　用户从 ISP 得到邮箱地址,就要设置电子邮件的发送和接收服务,通过在 Outlook Express 理添加账号完成,其方法如下:

　　在【工具】菜单中单击【账号】命令,弹出如图 8 - 18 所示对话框,单击【添加】中的【邮件】命令即可进入 Internet 设置向导,账号设置完毕后,就可以使用该账号发送和接收电子邮件了。

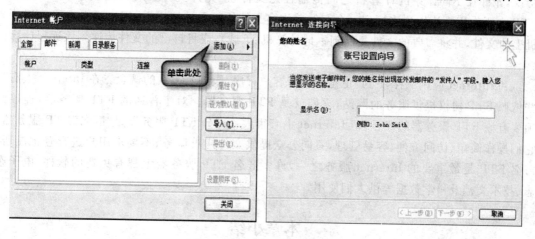

图 8 - 18　电子邮件账号的设置

2)发送邮件

　　单击 Outlook Express 窗口下的【创建新邮件】按钮,弹出如图 8 - 19 所示对话框,在填好【收件人】、【主题】以及邮件内容后,即可进行发送,若需要将此邮件发送给多人,可在【抄送】栏中输入多个抄送者地址,用逗号隔开。在【插入】菜单中,可以在电子邮件中添加任何文件作附件,包括声音、动画、图像等。

图 8-19　发送电子邮件窗口

3)接收邮件

在 Outlook Express 窗口下单击工具栏上的【发送/接收】按钮,可以选择是接收单个账号的邮件还是全部接收,系统弹出一个对话框,要求用户输入用户名和密码,如果是多个用户,则要一一输入,新邮件放在【收件箱】中,同时显示新邮件数量。

8.2.5　文件传输服务 FTP

Internet 上最常用的文件传输协议是 FTP(File Transfer Protocol),FTP 作为一个通信协议,允许在不同体系的计算机之间传输任意文件,也允许文件具有访问权限和所有权限。FTP 主要作用是让用户连接到一个存储着许多文件的远程计算机上,用户可以查看远程计算机上的文件,并将需要的文件复制到本地计算机(下载),或将自己的文件传递到该远程计算机(上传)。

和 Internet 应用一样,FTP 也是依赖于客户程序/服务器关系的概念。在 Internet 上有一些依照 FTP 协议提供服务的网站,它们就是 FTP 服务器。对于普通的 FTP 服务器,连接必须要有该 FTP 服务器的账号,但 Internet 上有很大一部分 FTP 服务器是"匿名"FTP 服务器,它们操作简单、访问方便、容易管理,只向公众提供文件拷贝服务,不要求用户进行登记注册。匿名 FTP 是最重要的 Internet 服务之一,许多匿名 FTP 服务器上都有免费的软件、电子杂志、技术文档及科学数据等供人们使用。

本章小结

随着 Internet 的应用已经深入到我们的生活中,本章在介绍计算机网络有关的概念及知识的基础上,简述了 Internet 的原理及应用,重点介绍了浏览器、电子邮件服务和文件传输服务的使用。熟练地掌握这些基本的 Internet 常用技术,不仅可以方便日常生活,还可以为学习、工作提供高效的途径。

上机与习题

一、填空题

(1)资源可以是网内计算机的＿＿＿＿、＿＿＿＿和＿＿＿＿,也可以是＿＿＿＿、＿＿＿＿、＿＿＿＿、＿＿＿＿等多媒体数据信息。

(2)计算机网络的发展历程大致可分为四个阶段:＿＿＿＿＿、＿＿＿＿＿、＿＿＿＿＿和＿＿＿＿＿。

(3)协议是指通信双方必须遵守的＿＿＿＿＿＿＿集合,作用是＿＿＿＿＿的对话过程。

(4)TCP/IP 是用于＿＿＿＿＿的一个协议系列,它包含了＿＿＿＿＿个协议,其中＿＿＿＿＿构成了 TCP/IP 协议簇的核心协议。

(5)Internet 有两种类型的地址:＿＿＿＿＿和＿＿＿＿＿。

(6)IE 浏览器见面主要由＿＿＿＿＿、＿＿＿＿＿、＿＿＿＿＿、＿＿＿＿＿、＿＿＿＿＿和＿＿＿＿＿六部分组成。

二、简答题

(1)计算机网络的基本组成及功能是什么?

(2)IP 地址和域名的主要区别是什么?

(3)在已有电子邮箱账号的情况下如何发送带有附件的电子邮件?

(4)什么是文件传输服务?

三、上机实践

通过网易(http://www.163.con)免费邮箱服务申请一个账号,并给自己发一封邮件。

参考文献

[1] 关立,章啟俊. 计算机文化基础教程. 武汉:华中科技大学出版社,2008.

[2] 刘金平,王晓华. 计算机文化基础. 北京:化学工业出版社,2008.

[3] 朱国华. 大学计算机文化基础.2 版. 北京:人民邮电出版社,2009.

[4] 利莉,胡守国. 计算机文化基础(Windows XP 版). 北京:北京师范大学出版社,2009.

[5] 熊艰. 计算机文化基础. 北京:北京邮电大学出版社,2008.

[6] 周俊华. 计算机文化基础. 北京:经济管理出版社,2008.

[7] 王洪海,蔡文芬. 计算机文化基础. 北京:国防工业出版社,2009.

[8] 刘莹,董一芬. 计算机文化基础. 北京:中国水利水电出版社,2009.

[9] 韩国宝,汪中才. 计算机文化基础. 北京:中国铁道出版社,2009.

[10] 曹岩. Visio 2007 应用教程. 北京:化学工业出版社,2009.

[11] [美]Steven Holzner,著.周春城,译. Visio 2007 从入门到精通. 北京:电子工业出版社, 2008.

[12] [美]Bonnie Biafore,著.隋杨,译. Visio 2007 宝典. 北京:人民邮电出版社,2008.

[13] 谢希仁. 计算机网络.4 版. 北京:电子工业出版社,2003.